应用型人才培养"十四五"规划教材

"十三五"江苏省高等学校重点教材

（编号：2020-2-198）

U0210243

建筑制图

蔡小玲　孟　亮　章志琴　主编

化学工业出版社

·北京·

内容简介

本教材在编写中遵循"少而精，突出教学案例，线上线下混合教学"的原则。注重资源的有效利用，培养学生线上自主学习能力，以工程设计图纸为载体，不断加强学生基本理论知识及工程实践能力的培养。

本教材分八个教学单元，主要讲解制图的基本知识、投影的基本知识、投影的基本原理、立体的投影、轴测投影、建筑形体的表达方法、建筑施工图、结构施工图。书中增加了拓展教学内容，学生可根据实际需要进行选择性学习。

本教材提供有重要知识点讲解的微课视频等数字资源，可通过扫描二维码获取。为强化教学，另编有《建筑制图习题集》，可配套使用。

本教材可作为高职高专和应用型本科土建类各专业的教学用书，也可作为职业提升的培训教材以及相关工程技术人员参考用书。

图书在版编目（CIP）数据

建筑制图/蔡小玲，孟亮，章志琴主编. —北京：化学工业出版社，2021.3
ISBN 978-7-122-38378-5

Ⅰ.①建…　Ⅱ.①蔡…②孟…③章…　Ⅲ.①建筑制图-高等职业教育-教材　Ⅳ.①TU204

中国版本图书馆 CIP 数据核字（2021）第 017029 号

责任编辑：李仙华　　　　　　　　　　　文字编辑：林　丹　沙　静
责任校对：张雨彤　　　　　　　　　　　装帧设计：史利平

出版发行：化学工业出版社（北京市东城区青年湖南街 13 号　邮政编码 100011）
印　　装：大厂聚鑫印刷有限责任公司
787mm×1092mm　1/16　印张 11¼　字数 272 千字　2021 年 12 月北京第 1 版第 1 次印刷

购书咨询：010-64518888　　　　　　　　售后服务：010-64518899
网　　址：http://www.cip.com.cn
凡购买本书，如有缺损质量问题，本社销售中心负责调换。

定　　价：39.00 元

编写人员名单

主　编　蔡小玲　孟　亮　章志琴

副主编　王云菲　王宛茜　张　玮　彭德红

参　编　张忠台　宋良瑞　王怀英　王志巍

　　　　苟　杰

主　审　李继明

前言

为贯彻落实《国家职业教育改革实施方案》（国发〔2019〕4号），满足高职高专土建类专业技能型人才培养的需要，依据《建筑制图标准》（GB/T 50104—2010）、《房屋建筑制图统一标准》（GB/T 50001—2017）和《建筑结构制图标准》（GB/T 50105—2010）等国家标准，结合编者多年从事"建筑制图"课程的教学实践，我们编写了《建筑制图》教材。

本教材在内容选取上，突出高职高专土建类专业职业核心能力培养中对"建筑制图与识图"部分内容的要求，以"理论够用，实用为主"为原则，精简"画法几何"部分内容，以建筑设计单位真实图纸为蓝本，对重点内容、难点知识和典型案例进行了较为详细的阐述。

本教材在编写过程中，以教学单元为主线，以学习任务为载体，分为8个教学单元、38个任务。知识结构遵循技能螺旋渐进的基本原则，内容上呈现由理论到实践，由点到线、线到面、面到体，最后形成施工图识读与绘制的综合训练，符合学生心理特征和认知规律。在结构形式上，融入教学视频二维码，依托教学平台开发课程资源，促进纸质教材和数字资源的有机融合，形成新形态、一体化、立体式教材。

本教材为江苏省重点建设教材项目，支撑的"建筑制图"课程为江苏省在线开放课程、无锡市精品课程，无锡市职业教育金课项目，并于2019年在中国大学MOOC（www.icourse163.com.org）平台开课，参与学习人数超万人。

本教材提供了丰富的视频教学资源，学生可通过扫描书中二维码获取；还配有教学课件PPT、配套习题集答案，可登录www.cipedu.com.cn免费下载。另编有《建筑制图习题集》供配套使用。

本教材由无锡城市职业技术学院蔡小玲、孟亮、章志琴担任主编；无锡城市职业技术学院王云菲、王宛茜，山东水利职业学院张玮，义乌工商职业技术学院彭德红担任副主编；黔东南民族职业技术学院张忠台，四川建筑职业技术学院宋良瑞，吉林工程职业学院王怀英，建业恒安工程管理股份有限公司建筑设计师王志巍，苏州工业园区城市重建有限公司高级工程师苟杰参与了编写。全书由无锡城市职业技术学院李继明教授担任主审。

本教材在编写过程中参考了相关书籍及文献资料，在此向有关作者表示衷心的感谢！

由于编者水平和经验有限，书中难免会有不足之处，恳请广大读者批评指正，以便修改和完善。

编　者
2021年2月

目 录

教学单元三　投影的基本原理　　32

教学单元八　结构施工图　　　157

参考文献　　　170

二维码资源目录

0　绪　论

0.1　本课程的性质与任务

在建筑工程中，任何建筑物的表达都离不开工程图样。例如要建造一幢房屋，首先要进行建筑设计，画出图纸，然后根据工程图纸进行施工。因此，图纸被称为"工程界的语言"，是工程技术人员交流的主要依据及工具。

"建筑制图"是建筑类各专业的一门专业基础课程，它主要研究绘制和阅读工程图，研究在平面上如何解决空间几何问题的理论和方法。它能培养学生的制图技能和空间想象能力、空间构思能力，为后续专业课程的学习奠定基础。本课程的主要任务如下：

(1) 学习正投影的基本理论及应用；

(2) 培养空间几何问题的图解能力；

(3) 培养绘制和阅读工程图样的基本能力；

(4) 培养空间想象能力、分析问题以及解决问题的能力；

(5) 培养认真负责的工作态度和严谨细致的工作作风。

二维码 0

0.2　本课程的教学内容

本课程主要包括画法几何和建筑制图两部分内容。

画法几何是初等几何的延伸，主要研究投影理论，通过学习可以正确地在二维平面上表达空间几何元素，其特点是逻辑严密、系统性强。画法几何主要包括：正投影的基本理论、点—线—面—体的投影、轴测投影等相关知识。通过画法几何部分内容的学习，主要解决下列问题：

(1) 利用投影规律，在二维平面上表达空间几何元素及其基本形体；

(2) 利用几何作图的方法，在平面上解决空间几何问题。

建筑制图主要包括：制图的基本知识、建筑形体的表达方法、建筑图形的识读及绘制等方面的内容。通过学习，可以解决下列问题：

(1) 学会建筑形体在二维平面上的正确表达。

(2) 根据制图的基本知识，正确识读及绘制工程图纸。

0.3 本课程的学习要求及学习方法

教材在编写中，遵循点—线—面—体到建筑工程图识读及绘制的编写规律，由浅入深，由易到难，逐步加深，环环相扣，系统性强，理论基础通俗易懂。学生学完本课程以后，应达到如下要求：

（1）掌握正投影法的基本理论和作图方法。

（2）学会正确运用投影作图的方法解决空间度量和定位问题，具有图解空间几何问题的基本能力。

（3）学会绘图工具和仪器的正确使用，掌握仪器作图和徒手作图的基本方法和技能。

（4）学会施工图的阅读和绘制，做到：投影关系正确；线型粗细分明，尺寸标注准确齐全；字体工整（采用长仿宋字体），数字大小整齐一致；图面整洁，布图紧凑合理；所绘图样符合国家制图标准。

在学习方法上要求学生做到以下几点：

（1）专心听讲、及时复习 认真听课，多思考，注意弄清基本概念。本课程主要特点是系统性强，要求学生在听课时养成课堂记录的习惯。学习完一个知识点后，应结合单元课后作业、课程微课、单元测试等资源，检查对所学知识的掌握程度，进一步巩固所学内容。复习中要特别注意和理解三维空间和二维平面图形之间的一一对应关系，弄清从空间到平面以及从平面到空间的基本过程。

（2）课前预习，带着问题听课 由于课程内容相对较多且不易理解，因此要求学生课前预习，带着问题听课，才能获得良好的学习效果。

（3）循序渐进，做到多看、多练、多问、多思，准确作图 本课程系统性、实践性强，环环相扣，要求学生学习相关的知识点之后，观看教学视频，及时完成相应的练习和作业，从易到难，循序渐进。在学习过程中要自觉加强绘图基本功的训练，抄绘一定数量的工程图纸，提高绘图读图能力。做题过程中要善于总结，发现问题，提出问题，不断培养分析问题和解决问题的能力。

（4）严格要求、耐心细致、严谨求实 建筑施工图是建筑施工的主要依据，图纸上"一字一线"的错误都会给工程建设造成一定损失，因此，要求学生在绘图时养成耐心细致、认真负责的工作态度和工作作风，这样才能提高绘图和读图能力，加快绘图速度，提高绘图质量。

（5）多看参考书、拓宽视野、培养自学能力 除学习教材知识外，要求学生线上进行自主学习，同时还可以有选择地阅读部分参考书，扩大知识面，培养自学能力。参考书的主要类型有：

① 基础课参考书。初等几何（如立体几何）、几何作图等。

② 画法几何参考书。国内较为成熟的"画法几何"类书籍可选读其中的1～2本。阅读其中有特色的内容。

③ 建筑制图参考书。

④ 专业类参考书。建筑构造或房屋建筑学、建筑识图与构造等。

⑤ 规范类参考书。《房屋建筑制图统一标准》《建筑制图标准》《总图制图标准》《建筑

结构制图标准》等国家制图标准。

（6）复习初等几何等相关知识　学习本课程，要求必须具备初等几何（特别是立体几何）的基本知识，在学习过程中，应注意把初等几何与画法几何的有关概念密切联系起来。

建筑制图是工程技术人员表达思想的重要工具，也是工程技术人员交流的重要资料。因此，在学习时，应严格遵守国家标准，掌握建筑制图方面的有关现行标准，学会查阅相关通用图集。培养严肃认真、一丝不苟的工作态度和耐心细致的工作作风，养成良好的职业道德和敬业精神，符合现代企业对毕业生的基本要求。

教学单元一　制图的基本知识

 学习目标

- 知识目标

掌握图纸幅面、图框的大小及绘制要求；

了解工程中常用图线的基本类型及用途；

掌握比例的含义、应用和计算以及字体的书写；

了解工程中汉字的书写要求；

掌握各尺寸的构成及要求；

了解各种绘图工具的种类及用法；

熟悉制图的一般方法和步骤。

- 能力目标

学会图框及标题栏的正确绘制；

学会比例在工程绘图中的应用；

能够运用绘制工具正确地绘制几何图形。

 知识导图

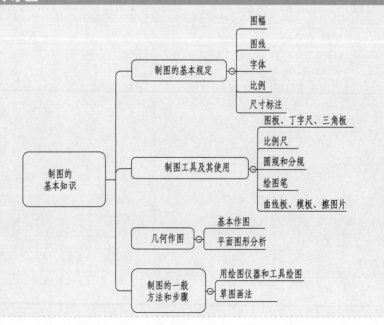

任务 1.1　制图的基本规定

建筑工程图是用于表达设计的主要内容，是施工的依据、工程界的"语言"。对建筑工程图的内容、画法、格式等必须有统一的规定，一般都是由国家指定专门机关负责组织编写的，称为"国家标准"，用 GB 或 GB/T 表示。我国现行的建筑制图标准是由住房和城乡建设部会同有关部门共同对《房屋建筑制图统一标准》等 6 项标准进行修订。现根据《房屋建筑制图统一标准》（GB/T 50001—2017）介绍以下几种制图基本规定。

1.1.1　图幅

图幅是指图纸幅面的大小。为了使图纸整齐，便于装订和保管，国家标准对建筑工程及装饰工程的幅面作了规定。图样应画在具有一定幅面和格式的图纸上。

1.1.1.1　幅面尺寸

幅面用代号表示，最大的图幅为 $841\text{mm} \times 1189\text{mm}$，幅面代号为 A0，其面积为 1m^2，对折后为两张 A1，以此类推。幅面的大小应符合表 1-1 规定及图 1-1 的格式。

表 1-1　图纸幅面及图框尺寸　　　　　　　　　　单位：mm

尺寸代号＼幅面	A0	A1	A2	A3	A4
$b \times l$	841×1189	594×841	420×594	297×420	210×297
c	10			5	
a	25				

如有特殊需要，允许加长 A0～A3 图纸幅面的长度，其加长部分应符合表 1-2 的规定。

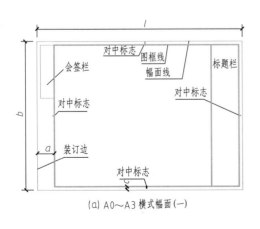

(a) A0～A3 横式幅面（一）

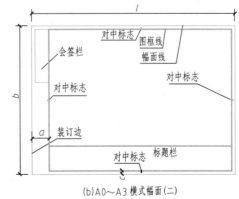

(b) A0～A3 横式幅面（二）

图 1-1

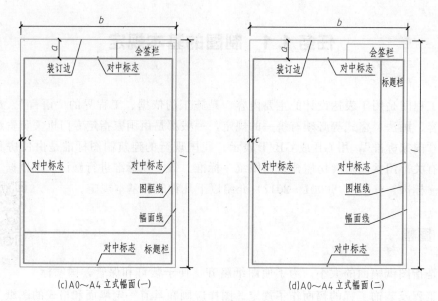

(c)A0～A4立式幅面(一)　　　　　　　　(d)A0～A4立式幅面(二)

图 1-1　图幅格式

表 1-2　图纸长边加长后尺寸　　　　　　　　　　　　　　　单位：mm

幅面代号	长边尺寸	图纸长边加长后的尺寸									
A0	1189		1338	1487	1635	1784	1932	2081	2230	2378	
A1	841			1051	1261	1472	1682	1892	2102		
A2	594	743	892	1041	1189	1338	1487	1638	1784	1932	2081
A3	420		631	841	1051	1261	1472	1682	1892		

1.1.1.2　图框

图纸无论是否装订，均需在图幅以内按表 1-1 尺寸画出图框，如图 1-1 所示，图中框线用粗实线绘制。

1.1.1.3　标题栏和会签栏

在每一张图纸中必须有标题栏，如图 1-1 所示。绘制格式和尺寸应符合《房屋建筑制图统一标准》（GB/T 50001—2017）中有关规定的绘制和填写。学生制图作业用标题栏建议按图 1-2 的格式绘制。

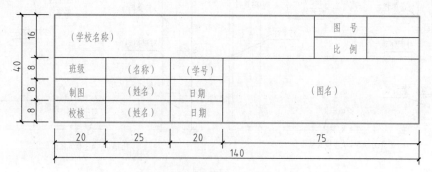

图 1-2　学生制图作业用标题栏

会签栏是工程图样上由各工种负责人填写的代表相关专业、姓名、日期等的一个表格，如图 1-3 所示，学生作业图纸中可不设会签栏。

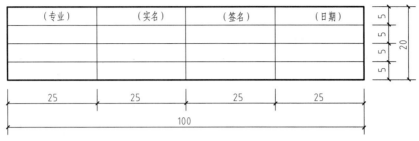

图 1-3　会签栏

1.1.2　图线

工程图样主要是采用粗细线和线型不同的图线来表达不同的设计内容。图线是构成图样的基本元素。因此，熟悉图线的类型及用途，掌握各类图线的画法，是建筑制图最基本的技巧。

1.1.2.1　线型的种类和用途

为了使图样主次分明、形象清晰，建筑装饰制图采用的图线分为实线、虚线、点画线、折断线、波浪线几种；按线宽度不同又分为粗、中粗、中、细四种。各类图线的线型、宽度及用途见表 1-3。

表 1-3　图线的线型、宽度及用途

名称		线型	线宽	用途
实线	粗		b	主要可见轮廓线
	中粗		$0.7b$	可见轮廓线
	中		$0.5b$	可见轮廓线、尺寸线
	细		$0.25b$	图例填充线、家具线
虚线	粗		b	见各有关专业制图标准
	中粗		$0.7b$	不可见轮廓线
	中		$0.5b$	不可见轮廓线、图例线
	细		$0.25b$	图例填充线、家具线
单点长画线	粗		b	见各有关专业制图标准
	中		$0.5b$	见各有关专业制图标准
	细		$0.25b$	中心线、对称线、轴线等
双点长画线	粗		b	见各有关专业制图标准
	中		$0.5b$	见各有关专业制图标准
	细		$0.25b$	假想轮廓线、成型前原始轮廓线

名称		线型	线宽	用途
折断线	细		0.25b	断开界线
波浪线	细		0.25b	断开界线

1.1.2.2 图线的画法及要求

图线以可见轮廓线的粗度 b 为标准，按《房屋建筑制图统一标准》规定，图线 b 采用 2.0mm、1.4mm、1.0mm、0.7mm、0.5mm、0.35mm 6 种线宽。画图时，根据图样的复杂程度和比例大小，选用不同的线宽组，如表 1-4 所列。

表 1-4　线宽组　　　　　　　　　　　　　　　　单位：mm

线宽比	线宽组			
b	1.4	1.0	0.7	0.5
0.7b	1.0	0.7	0.5	0.35
0.5b	0.7	0.5	0.35	0.25
0.25b	0.35	0.25	0.18	0.13

图框线、标题栏线宽度按表 1-5 选用。

表 1-5　图框线、标题栏线的宽度　　　　　　　　　单位：mm

幅面代号	图框线	标题栏外框线	标题栏分格线、会签栏线
A0、A1	1.4	0.7	0.35
A2、A3、A4	1.0	0.7	0.35

画图时，应注意以下几点：

(1) 画图线时，用力一致，线条均匀光滑，浓淡一致。

(2) 虚线、点画线、双点画线的线段长度和间隔应保持一致，且起止两端为线段，如图 1-4 所示。

(3) 点画线或双点画线，当在较小图形中绘制时，可用细实线代替。

图 1-4　图线画法

(4) 虚线及点画线，其各自本身相交或与其他图线相交时，均应交在线段处，不要交在空隙处。

(5) 相互平行的图线，其间距不得小于其中线的宽度，且不小于 0.7mm。

1.1.3　字体

用图线绘成图样，需用文字及数字加以注解，表明其大小尺寸、有关材料、构造做法、施工要点及标题。在图样上所需书写的文字、数字或符号等，必须做到：笔画清晰、字体端正、排列整齐；标点符号应清楚、正确。如果图样上的文字和数字写得潦草，难以辨认，不仅影响图纸的清晰和美观，而且容易造成差错，造成工程损失。

1.1.3.1 汉字

图样上及说明的汉字，应采用长仿宋字体，大标题、图册封面等汉字也可写成其他字体，但应易于辨认。汉字的简化书写，必须遵守国务院颁布的《汉字简化方案》和有关规定，如图1-5所示。

建筑工程制图汉字采用长仿宋体书写
横平竖直起落有力笔锋满格排列匀称

图1-5　长仿宋字体

汉字的字高用字号来表示，如高为5mm的字就是5号字。常用的字号有2.5、3.5、5、7、10、14、20等号，如需要书写更大的字，则字高以$\sqrt{2}$的比值递增。汉字字高应不小于3.5mm。

长仿宋字应写成直体字，其字高与字宽应符合表1-6的规定。

表1-6　长仿宋体字高度和宽度的关系　　　　　　　　　　单位：mm

字高	20	14	10	7	5	3.5
字宽	14	10	7	5	3.5	2.5

长仿宋字体的书写要领是：横平竖直，起落分明，填满方格，结构均匀。

1.1.3.2 数字及字母

数字及字母在图样上的书写分直体和斜体两种。它们和中文字混合书写时，高度应稍低于仿宋字体。斜体书写应向右倾斜，并与水平线呈75°。图样上数字应采用阿拉伯数字，其字高应不小于2.5mm。如图1-6所示。

图1-6　字母、数字示例

1.1.4 比例

图样的比例是图形与实物相对应的线性尺寸之比。比例应用阿拉伯数字表示，如1：1、

1：2、1：10 等。1：10 表示图纸所画物体缩小至实体的 1/10，1：1 表示图纸所画物体与实体一样大，比例的大小是指比值的大小。

工程图样的绘制应根据图样的用途与被绘制对象的复杂程度选择合适的比例，以确保所示物体图样的精确和清晰。根据规定，在进行建筑工程图样制图时，应优先选用表 1-7 中常用比例。

表 1-7　建筑工程图样选用的比例

常用比例	1：1　1：2　1：5　1：10　1：20　1：50　1：100　1：200　1：500
可用比例	1：3　1：15　1：25　1：30　1：40　1：60　1：150　1：250　1：300　1：400　1：600

比例宜注写在图名的右下侧，其字号比图名的字号小一号或二号，如图 1-7 所示，当一张图纸内各图形的比例相同时，应将比例注写在图标内。

平面图 1：100

图 1-7　图名及比例的注写

1.1.5　尺寸标注

建筑工程图，不仅应画出建筑物形状，更重要的是必须准确、完整、详尽而清晰地标注各部分实际尺寸，这样的图纸才能作为施工的依据。

二维码 1.2

1.1.5.1　线段的尺寸标注

标注线段尺寸包括以下四个要素：尺寸界线、尺寸线、尺寸起止符号和尺寸数字，如图 1-8 所示。

（1）尺寸界线　尺寸界线由细实线绘制，用以表示所注尺寸的范围。通常它应与被注线段垂直，有时可用图形线代替，如图 1-9 所示。

（2）尺寸线　尺寸线同样由细实线绘制，应与被注轮廓线平行，与尺寸界线垂直相交，相交处尺寸线不宜超过尺寸界线，尺寸界线的一端距图形轮廓线不小于 2mm，另一端超过尺寸线 2～3mm。若尺寸线分几层排列时，应从图形轮廓线向外，先是较小的尺寸，后是较大的尺寸，尺寸线的间距要一致，宜为 7～10mm，并应保持一致，如图 1-8 所示。

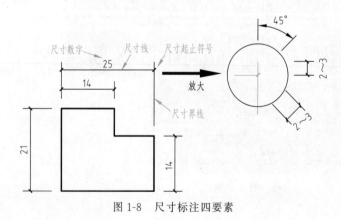

图 1-8　尺寸标注四要素

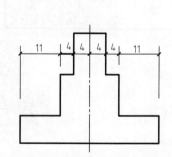

图 1-9　轮廓线代替尺寸界线

（3）尺寸起止符号　尺寸起止符号一般用中粗斜短线绘制，其倾斜方向应与尺寸界线成顺时针 45°角，长度宜为 2～3mm，如图 1-8 所示。

（4）尺寸数字　尺寸数字一律用阿拉伯数字书写，长度单位规定为毫米（即 mm，可省略不写）。尺寸数字是物体的实际数字，与画图比例无关。

尺寸数字一般写在尺寸线的中部。水平方向的尺寸，尺寸数字要写在尺寸线的上面，字头朝上；倾斜方向的尺寸，尺寸数字的方向应按图 1-10（a）的规定书写，尺寸数字在图中所示 30°斜线区内时可按图 1-10（b）的形式书写。

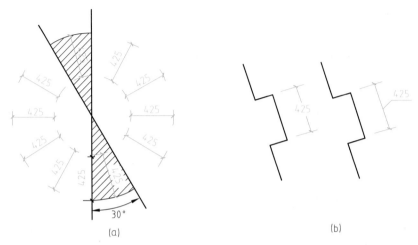

图 1-10　尺寸数字

尺寸数字如果没有足够的注写位置时，两边的尺寸可以注写在尺寸界线的外侧，中间相邻的尺寸可以错开注写，见图 1-11。

图 1-11　小尺寸数字的注写位置

1.1.5.2　直径、半径的尺寸标注

（1）直径尺寸　标注圆（或大半圆）的尺寸时要注直径。直径的尺寸线是过圆心的倾斜的细实线（圆的中心线不可作为尺寸线），尺寸界线即为圆周，两端的起止符号规定用箭头（箭头的尖端要指向圆周），尺寸数字一般注写在圆的里面，并且在数字前面加注直径符号"ϕ"，见图 1-12（a）。

标注小圆直径时，可以把数字、箭头移到圆的外面，见图 1-12（b）。

图 1-13 表明了箭头的画法，画出的箭头要尖要长，可以徒手画，也可以用尺画。

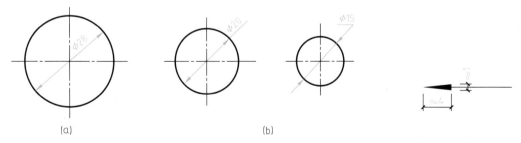

图 1-12　直径的尺寸标注

图 1-13　箭头的画法

（2）半径尺寸　标注半圆（或小半圆）的尺寸时要注半径。半径的尺寸线，一端从圆心开始，另一端画出箭头指向圆弧，半径数字一般注在半圆里面，并且在数字前面加注半径符号"R"，见图 1-14（a）。

较小圆弧的半径可按图 1-14（b）的形式标注，较大圆弧的半径可按图 1-14（c）的形式标注。

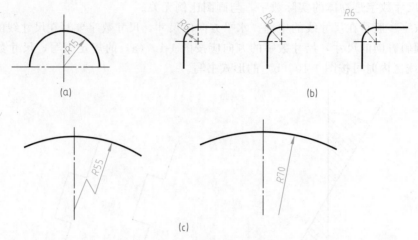

图 1-14　半径的尺寸标注

1.1.5.3　角度、坡度的尺寸标注

（1）角度尺寸　角度的尺寸线应以圆弧表示。该圆弧的圆心应是该角的顶点，角的两条边为尺寸界线。起止符号应以箭头表示，如没有足够位置画箭头，可用圆点代替，角度数字应沿尺寸线方向注写，见图 1-15。

（2）坡度尺寸　标注坡度时，在坡度数字下加上坡度符号。坡度符号为指向下坡的半边箭头，见图 1-16。

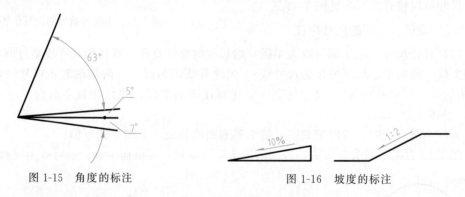

图 1-15　角度的标注　　　　　　图 1-16　坡度的标注

1.1.5.4　尺寸的简化注法

（1）单线图尺寸　杆件或管线的长度，在单线图（桁架简图、钢筋简图、管线图）上，可直接将尺寸数字沿杆件或管线的一侧注写，见图 1-17。

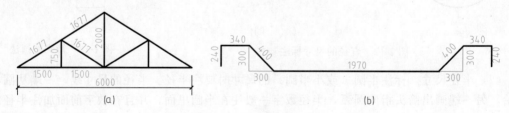

图 1-17　单线图尺寸标注

（2）连排等长尺寸　连续排列的等长尺寸，可用"个数×等长尺寸＝总长"的形式标

注，见图 1-18。

（3）相同要素尺寸　构配件内的构造要素（如孔、槽等）若相同，也可用"个数×相同要素尺寸"的形式标注，见图 1-19。

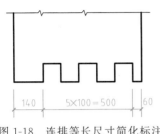

图 1-18　连排等长尺寸简化标注

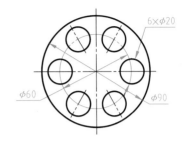

图 1-19　相同要素尺寸标注

（4）对称构件尺寸　对称构（配）件采用对称省略画法时，该对称构（配）件的尺寸线应略超过对称符号，仅在尺寸线的一端画尺寸起止符号，尺寸数字应按整体全尺寸注写，注写位置应与对称符号对齐，见图 1-20。

（5）相似构件尺寸　两个构配件如个别尺寸数字不同，可在同一图样中将其中一个构配件的不同尺寸数字注写在括号内，该构配件的名称也应注写在相应的括号内，见图 1-21。

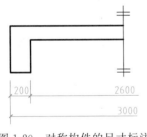

图 1-20　对称构件的尺寸标注

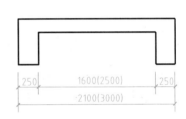

图 1-21　相似构件的尺寸标注

任务 1.2　制图工具及其使用

众所周知，建筑和装饰工程图样一般都是借助制图工具和仪器绘制的，因此了解它们的性能，熟练掌握它们正确的使用方法，经常维护、保养，才能保证制图质量，提高绘图速度。

在绘图的时候，最常用的绘图工具和仪器有图板、丁字尺或一字尺、三角板、比例尺（三棱尺）、圆规、分规，还有绘图笔、曲线板、模板、擦图片等。

1.2.1　图板、丁字尺、三角板

图板是铺放图纸用的工具，常见的是两面贴有胶合板的空芯板，四周镶有硬木条。板面要平整、无节疤，图板的四边要求十分平直和光滑。画图时，丁字尺靠着图板的左边上下滑动画平行线，这时图板的左边是"工作边"。图板是绘图的主要工具，应避免受潮或日晒；板面上也不可以放重的东西，以免图板变形走样或压坏板面；贴图纸宜用透明胶带纸，不宜使用图钉；不用时将图板竖向放置保管。图板有几种规格，可根据需要选用，它的常用规格见表1-8。

表 1-8　图板的规格

图板的规格代号	0	1	2
图板尺寸/mm	900×1200	600×900	450×600

与图板搭配使用的工具有丁字尺或一字尺、三角板。丁字尺、一字尺是用来画水平线的。丁字尺是由尺头和尺身两部分组成，尺头应牢固地连接在尺身上，尺头内侧应与尺身上边保持垂直。使用丁字尺时，必须将尺头紧靠图板在左侧工作边滑动，画出不同高度的水平线，如图1-22所示。丁字尺、一字尺尺身的上侧（常用刻度线）是供画线用的，不要在下侧画线。丁字尺用后应悬挂起来，以防发生弯曲或不慎折断。

三角板是工程制图的主要工具之一，与丁字尺或一字尺配合使用，三角板靠着丁字尺或一字尺的尺身上侧画垂直线，如图1-23所示。三角板与丁字尺配合也可以画各种角度倾斜的线，如图1-24所示。

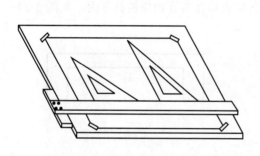

图 1-22　图板、丁字尺、三角板三者之间的配合

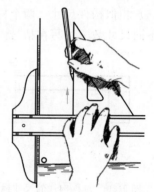

图 1-23　用三角板和丁字尺画垂直线

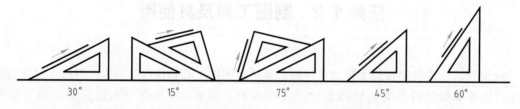

图 1-24　用三角板和丁字尺配合画15°倍数斜线

三角板以透明胶制材料制成，一副有两块。三角板应注意保护其板边的平直、光滑和角度的精确。

1.2.2　比例尺

比例尺是绘图时用来缩小线段长度的尺子。比例尺通常制成三棱柱状，故又称为三棱尺，一般由塑料制成，如图1-25（a）所示。比例尺的三个棱面刻有六种比例，通常有1：100、1：200、1：300、1：400、1：500、1：600，比例尺上的数字以"米"为单位。利用比例尺直接量度尺寸，尺子比例应与图样上比例相同，先将尺子置于图上要量距离之外，并需对准量度方向，便可直接量出；若有不同，可采用换算方法求得。如图 1-25（b）所示，线段 AB 采用 1∶300 比例量出读数为 11m；若用 1∶30 比例，它的读数为 1.1m；若用 1∶3 比例，它的读数为 0.11m。为求绘图精确起见，使用比例尺时切勿累计其距离，应注意先绘出整个宽度和长度，然后再进行分割。

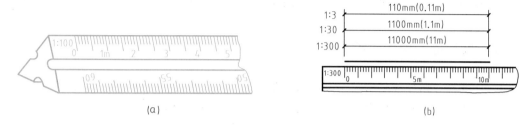

图 1-25　比例尺

比例尺不可以用来画线，不能弯曲，尺身应保持平直完好，尺子上的刻度要清晰、准确，以免影响使用。

1.2.3　圆规和分规

（1）圆规　圆规是用来画圆和圆弧曲线的绘图仪器。

通常用的圆规为组合式的，有固定针脚及可移动的铅笔脚、鸭嘴脚及延伸杆（图 1-26）。

弓形小圆规：用以画小圆。

精密小圆规：画小圆用，迅速方便，使用时针尖固定不动，将笔绕它旋转。

（2）分规　分规是用来量取线段、量度尺寸和等分线段的一种仪器（图 1-27）。

分规的两腿端部均固定钢针，使用时要检查两针脚高低是否一致，如不一致则要放松螺钉调整。

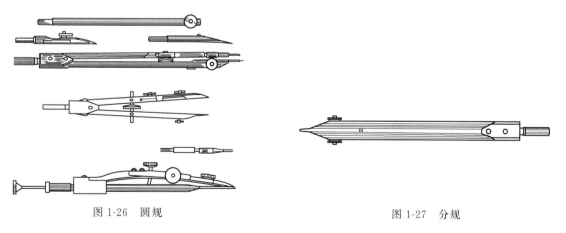

图 1-26　圆规

图 1-27　分规

1.2.4　绘图笔

绘图笔的种类很多，有绘图铅笔、鸭嘴笔、绘图墨水笔等。

绘图铅笔的型号以铅芯的软硬程度来分，分别用笔端字母"H"和"B"表示，"H"表示硬的，"B"表示软的，"HB"表示软硬适宜，"H"或"B"前面的数字越大表示铅芯越硬或越软。一般用"H"或"2H"铅笔打底稿，原图加深用稍软的铅笔，如"HB"或"B"等。

鸭嘴笔和绘图墨水笔是画墨线用的，鸭嘴笔已很少使用。绘图墨水笔按画线笔尖的粗细分为多种规格，可按不同线型粗细选用，画线方法与铅笔类同。

1.2.5 曲线板、模板、擦图片

（1）曲线板　曲线板是用来绘制非圆弧曲线的工具。曲线板的种类很多，曲率大小各不相同。有单块的，也有多块成套的。如图 1-28 所示，就是单块曲线板。

曲线板画非圆弧曲线的方法：先定出曲线上的若干点（至少 4 个点），然后连点成曲线。具体画法：可用铅笔徒手轻轻将各点连成光滑、连续且清晰的曲线，再选择曲线板合适的一段，画出相叠合的一段曲线，曲线后边留一小段不画，画好此线段后，移动曲线板与线的后一段相合。要使曲线连续、光滑，必须使曲线板与前一段的曲线叠合一小段，各连接处的切线要互相叠合。

图 1-28　曲线板

（2）模板　为了提高绘图速度和质量，把图样上常用的一些符号、图例和比例等，刻在透明胶质板上，制成模板使用。目前有许多模板，常用的模板有建筑模板、装饰模板、结构模板等。

在模板上刻有可用以画出各种图例的孔，如柱、卫生设备、沙发、详图索引符号、指北针、标高及各种形式的钢筋等，如图 1-29 所示，其大小已符合一定比例，只要用笔在孔内画一周，图例就画出来了。

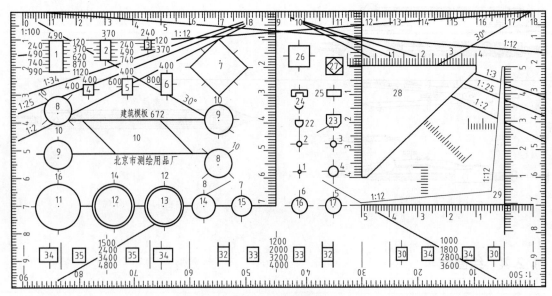

图 1-29　建筑模板

（3）擦图片　擦图片是用来修改错误图样用的。它是用透明塑料或不锈钢制成的薄片，薄片上刻有各种形状的模孔，如图 1-30 所示。使用时，应使画错的线在擦图片上适当的小孔内露出来，再用橡皮擦拭，以免影响其邻近的线条。

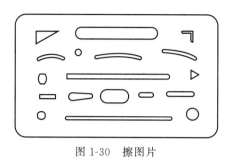

图 1-30　擦图片

任务 1.3　几何作图

绘制平面图形时需要将几何知识和作图技巧两者相结合。以下介绍一些常用的几何作图方法。

1.3.1　基本作图

1.3.1.1　等分线段

如图 1-31 所示，将已知直线 AB 五等分。

作图方法：

① 过点 A 任作直线 AC，在 AC 上按任意长度截取 5 等分，得 1_0、2_0、3_0、4_0、5_0。

② 连 5_0B，并过各等分点作直线平行于 5_0B，分别交 AB 为 1、2、3、4，即为所求。

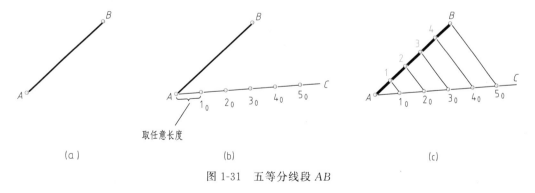

图 1-31　五等分线段 AB

1.3.1.2　等分圆周及作正多边形

（1）如图 1-32 所示，作已知圆的内接正五边形。

作图方法：

① 作出半径 OF 的等分点 G；

② 以 G 为圆心，GA 为半径画圆弧，交直径于 H；

③ 以 AH 为边长分圆周为五等分，依次连接各等分点 A、B、C、D、E，即为所求正五边形。

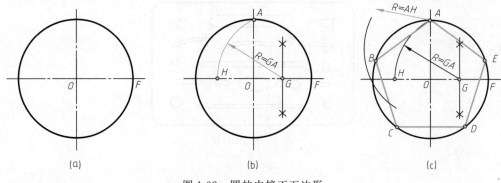

(a)   (b)   (c)

图 1-32   圆的内接正五边形

（2）如图 1-33 所示，作已知圆的内接正六边形。

方法①：分别以 A、B 为圆心，R 为边长画圆弧与圆周相交得各等分点，依次将各等分点连接起来即为正六边形，如图 1-33（a）所示。

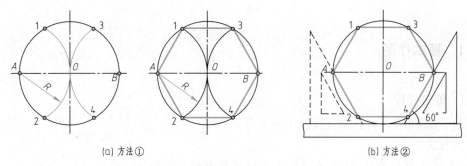

(a) 方法①   (b) 方法②

图 1-33   圆的内接正六边形

方法②：也可用 30°-60° 三角板配合丁字尺画出，如图 1-33（b）所示。

1.3.1.3   圆弧的连接

（1）如图 1-34 所示，已知两直线 L_1、L_2 和连接圆弧半径 R，求作用半径为 R 的圆弧连接直线 L_1 与 L_2。

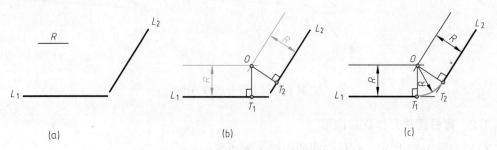

(a)   (b)   (c)

图 1-34   作半径为 R 的圆弧连接两相交直线

作图方法：

① 求连接圆弧圆心：以间距为 R 分别作 L_1、L_2 的平行线，两线交点即为连接圆弧圆心 O。

② 求切点：过 O 点向两直线作垂线得切点 T_1、T_2。

③ 画连接圆弧：以 O 为圆心，R 为半径，在 T_1、T_2 之间画圆弧。

（2）如图 1-35 所示，已知直线 L 和半径为 R_1 的圆弧，及连接圆弧的半径 R，求作用半径为 R 的圆弧连接已知直线和圆弧。

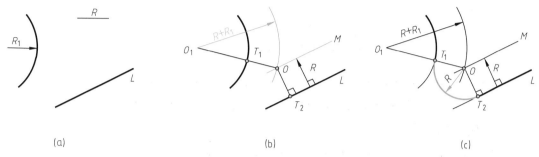

图 1-35　作半径为 R 的圆弧连一直线和一圆弧

作图方法：

① 求连接圆弧圆心：以间距为 R 分别作直线 L 的平行线 M 以及圆弧的平行曲线，两线的交点即为连接圆弧圆心 O。

② 求切点：连接 O_1O 交已知圆弧于 T_1，再过 O 点向直线 L 作垂线得切点 T_2。

③ 画连接圆弧：以 O 为圆心，R 为半径，在 T_1、T_2 之间画圆弧。

（3）如图 1-36 所示，已知半径为 R_1、R_2 的两圆弧和连接圆弧的半径 R，求作用半径为 R 的圆弧外切连接两已知圆弧。

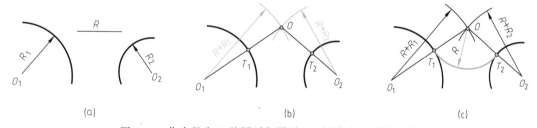

图 1-36　作半径为 R 的圆弧与圆弧 O_1 和圆弧 O_2 外切连接

作图方法：

① 求连接圆弧圆心：以 $R+R_1$、$R+R_2$ 为半径分别作圆弧，两圆弧交点即为连接圆弧圆心 O。

② 求切点：连接 O_1O 交已知圆弧于 T_1，连接 O_2O 交已知圆弧于 T_2。

③ 画连接圆弧：以 O 为圆心，R 为半径，在 T_1、T_2 之间画圆弧。

（4）如图 1-37 所示，已知半径为 R_1、R_2 的两个圆，求作以 R 为半径并与两个已知圆相内切的圆弧。

作图方法：

① 求连接圆弧圆心：以 O_1、O_2 为圆心，$R-R_1$、$R-R_2$ 为半径分别作圆弧，两圆弧的交点即为连接圆弧圆心 O。

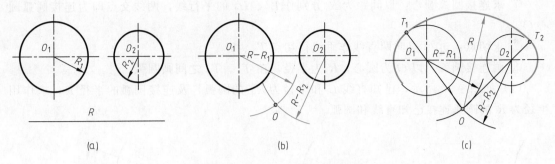

图 1-37　作半径为 R 的圆弧与圆弧 O_1 和圆弧 O_2 内切连接

② 求切点：连接 O_1O 交已知圆弧于 T_1，连接 O_2O 交已知圆弧于 T_2。

③ 画连接圆弧：以 O 为圆心，R 为半径，在 T_1、T_2 之间画圆弧。

1.3.1.4　椭圆的画法

如图 1-38 所示，已知长轴 AB 和短轴 CD，用四心圆法作椭圆。

作图方法：

① 以 O 为圆心，OA 为半径画圆弧，交 OC 延长线于点 E；以 C 为圆心，CE 为半径作圆弧，交 AC 于 F 点。

② 作 AF 的垂直平分线；交长轴于 O_1，交短轴于 O_2。

③ 在 AB 上截取 $OO_3 = OO_1$，短轴 CD 上截取 $OO_4 = OO_2$。

④ 以 O_2、O_4 为圆心，O_2C、O_4D 为半径画大弧。

⑤ 以 O_1、O_3 为圆心，O_1A、O_3B 为半径画小弧，使各段圆弧在 O_2O_1、O_2O_3、O_4O_3、O_4O_1 的延长线上的 H、I、J、G 四点处相切。

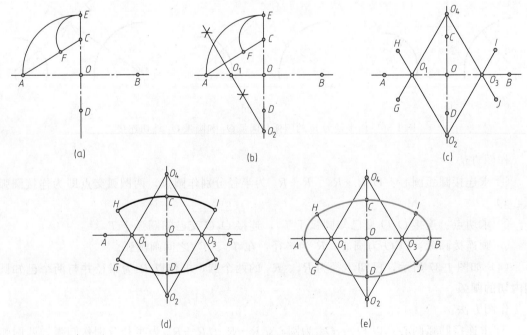

图 1-38　四心圆法画近似椭圆

1.3.2 平面图形分析

平面图形是由若干直线段和曲线段共同组成。绘图前，要对平面图形中各线段和绘点的尺寸进行分析，以确定各线段的绘制顺序。

1.3.2.1 尺寸分析

（1）定形尺寸　用于表示平面图形各组成部分的形状和大小的尺寸称为定形尺寸，如图 1-39 中的线段"40""5"和圆弧"$R15$"。

（2）定位尺寸　用于表示平面图形中各组成部分的相对位置的尺寸称为定位尺寸。如图 1-39 中的尺寸 35 是确定 $R15$ 的圆心位置的定位尺寸。

1.3.2.2 线段尺寸

分析平面图形中的线段，主要根据该线段在图中的定形尺寸、定位尺寸齐全与否来考虑。如图 1-40 所示，平面图形中的线段可分为已知线段、中间线段和连接线段三种。

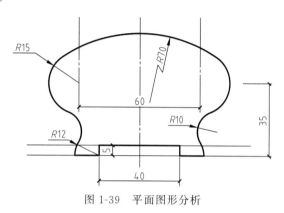

图 1-39　平面图形分析

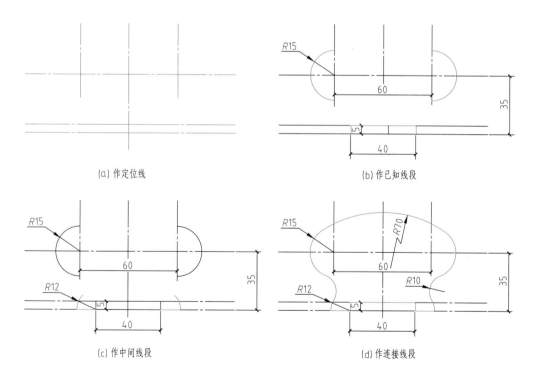

(a) 作定位线　　　　　　　　　　　　(b) 作已知线段

(c) 作中间线段　　　　　　　　　　　(d) 作连接线段

图 1-40　平面图形的画法

（1）已知线段　根据给出尺寸和尺寸基准线的位置直接画出的线段称为已知线段。如图 1-40 中的线段"40""5"、"35"和圆弧"$R15$"等都是已知线段。

（2）中间线段　已知定形尺寸但定位尺寸不全，或有定位尺寸但无定形尺寸的线段，称为中间线段。如图中的 $R15$ 的圆弧。

（3）连接线段　只给出定形尺寸，画线时要利用两线相切的几何条件才能画出的线段，称为连接线段。对圆弧来讲，只给出圆弧半径，不给出圆心位置的叫作连接圆弧。对直线来讲，只知道两端与定圆（或定圆弧）相切，而不标注任何尺寸的线段叫作连接线段。如图 1-40 中的圆弧"$R70$"与两个"$R15$"相内切；圆弧"$R10$"与"$R15$""$R12$"相外切。

任务 1.4　制图的一般方法和步骤

1.4.1　用绘图仪器和工具绘图

1.4.1.1　准备工作

准备工具；明确作业内容和要求；确定图幅和比例；固定图纸。

1.4.1.2　画底稿

用 H 或 2H 的铅笔画底稿。

先画图框和标题栏，再根据比例估计图形和注写尺寸所占面积合理布置图面，然后画图。画图时，先画图形的基准线，如对称线、中心线、主要轮廓线，再逐步画出细部。

1.4.1.3　铅笔加深

注意线型和线宽。粗线和中粗线用 B 的铅笔加深，细线和标注线用 HB 或 H 的铅笔加深。加深时，先粗线后细线，先水平后竖直，先曲线后直线。

1.4.2　草图画法

1.4.2.1　目估方法

首先估计所画形体的总长、总宽和总高之间对称关系和长度比例。应学会眼睛观察，尽量用现有的工具进行测量。形体中各细部的结构，应注意与总体进行比较，确定其交接处的位置，以及各线段的比例关系，即可绘制出草图。

1.4.2.2　徒手绘图的方法

不用绘图仪器和工具而用目估比例徒手画出图样称为徒手绘图。徒手绘图是一项重要的绘图基本技能，在参观记录、技术交流以及在某些绘图条件不好的情况下进行方案设计时，常常要采用徒手绘图。因此每个工程技术人员都必须掌握徒手绘图技能。

徒手画出的图叫作草图，但并非潦草的图，同样要求做到投影正确、线型分明、比例匀称、字体工整、图面整洁。徒手绘图所用铅笔比用仪器画图所用铅笔相应软一号，常选用 HB、B 或 2B 铅笔。徒手绘图常用方格纸，这有利于控制图线的平直和图形的大小。

（1）直线的画法　徒手画直线时握笔不得过紧，运笔力求自然，铅笔向垂直于运动方向倾斜，小手指微触纸面，并随时注意线段的终点。画较长线时，可分段画出。图 1-41 是徒手画各个方向线的姿势。

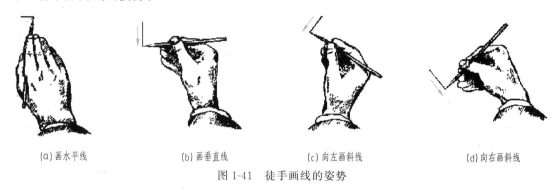

(a) 画水平线　　　(b) 画垂直线　　　(c) 向左画斜线　　　(d) 向右画斜线

图 1-41　徒手画线的姿势

（2）角度和斜线的画法　画与水平方向成定角（如 30°、45°、60°）的斜线时，可按图 1-42 直角边的近似比例关系定出斜线的两端点后，再按徒手画直线的方法定出两端点后画出。

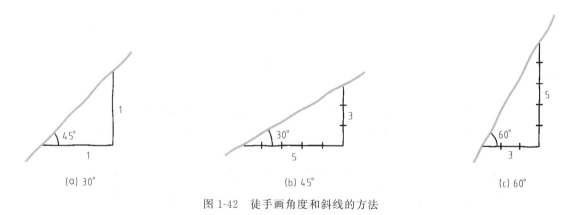

(a) 30°　　　　　　　(b) 45°　　　　　　　(c) 60°

图 1-42　徒手画角度和斜线的方法

（3）圆的画法　徒手画圆，如图 1-43 所示，应先画中心线，再根据直径大小目测，一般小圆在中心线上定出四点便可画圆。对较大的圆，过圆心画几条不同方向的直线，按直径目测定出一些点，一般定 8 个点，再用光滑的曲线连线而成。

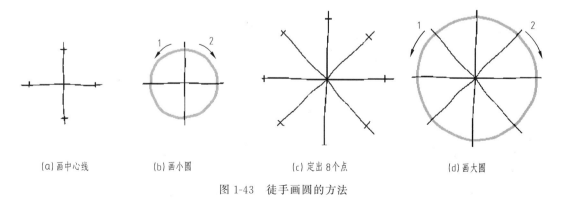

(a) 画中心线　　　(b) 画小圆　　　(c) 定出 8 个点　　　(d) 画大圆

图 1-43　徒手画圆的方法

（4）椭圆的画法　徒手画椭圆，如图 1-44 所示，先画中心线，小椭圆一般在中心线上目测定出长短轴，再过长短轴端点作椭圆的外切矩形，然后连接四个端点在矩形内直接画椭圆。

　　画较大椭圆时一般用八点法，作图过程为：①过长短轴端点作矩形后连对角线。②取 EC 中点 1，CF 中点 2，GD 中点 3，DH 中点 4。③连 $A1$、$B2$、$B3$、$A4$ 分别交对角线于 5、6、7、8。④将 A、5、C、6、B、7、D、8、A 尽可能用光滑的曲线徒手按顺序连接成椭圆。

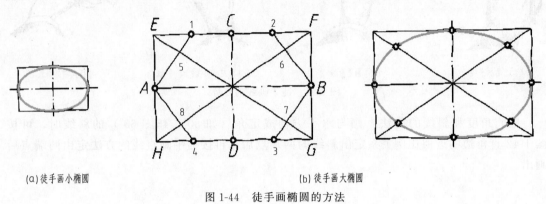

(a)徒手画小椭圆　　　　　　　　　　　(b)徒手画大椭圆

图 1-44　徒手画椭圆的方法

 思考题

　　1. 仔细观察本校的教学楼，你认为应采用多大的比例进行绘制最为合适？

　　2. 在设计图中连续重复的构配件，当不易明确定位尺寸时，可在总尺寸的控制下，采用什么形式进行尺寸的注写？

　　3. 建筑工程中，常用的图线线型有哪几种？其中粗实线主要用来表示什么？

　　4. 图样上的尺寸由哪几个部分组成？图样上的尺寸排列与布置有什么要求？

　　5. 工程中，绘图常采用一般的方法和步骤是什么？

教学单元二　投影的基本知识

学习目标

- 知识目标

掌握投影的概念及投影法的分类；

掌握平行正投影的基本特征；

理解正投影图的形成及特征。

- 能力目标

学会形体三面正投影图的形成及投影特征；

能够根据形体的三面正投影图判断空间形体的空间大小即形体长度、宽度和高度。

知识导图

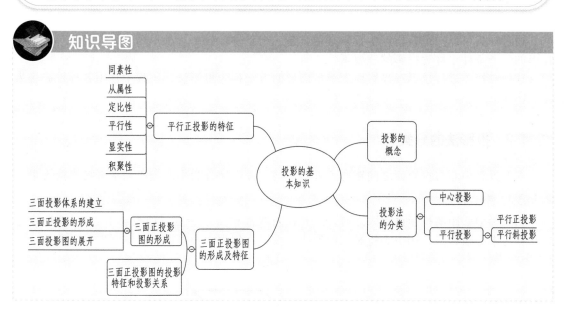

任务 2.1　投影的概念及分类

2.1.1　投影的概念

在日常生活中，人们经常会看到这样的现象，在漆黑的夜晚，物体在灯光的照射下，在地面或墙面上会产生一个影子，如图 2-1 (a) 所示。这个影子在建筑制图中，称为投影，如图 2-1 (b) 所示，光源称为投影中心，光线称为投射线，产生影子的地面或者墙面称为投影面。投影是在自然现象影子的基础上，经过科学、抽象而得到的。因此可以这样来定义投影，物体在投射线的作用下，在投影面上所产生的影，称为投影。

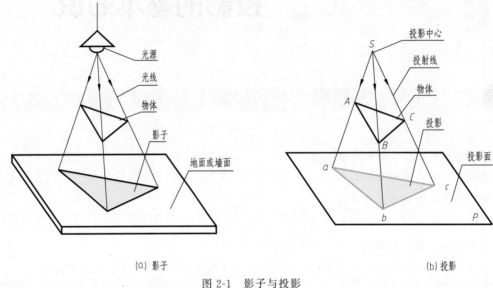

(a) 影子

(b) 投影

图 2-1　影子与投影

通过分析可以知道，要产生投影必须具备三个条件：投射线、形体本身、投影面。产生投影的三个条件也称为投影的三要素。

这种对物体进行投影在投影面上产生图形的方法称为投影法。工程中常用各种投影法来绘制图样。

2.1.2　投影法的分类

根据投影中心与投影面之间距离远近的不同，投影法分为中心投影和平行投影两大类。

2.1.2.1　中心投影

当投影中心距离投影面有限远时，所有投射线都相交于一点（即投影中心），这种投影方法称为中心投影法，用中心投影法所形成的投影，称为中心投影，如图 2-2 (a) 所示。

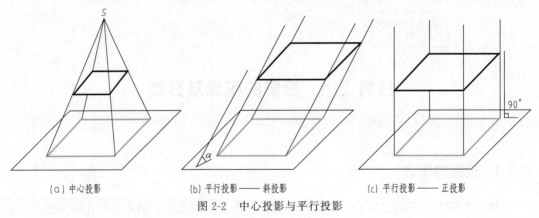

(a) 中心投影　　　　　(b) 平行投影——斜投影　　　　　(c) 平行投影——正投影

图 2-2　中心投影与平行投影

2.1.2.2 平行投影

当投影中心距离投影面无限远时，所有的投射线都可以看作相互平行，这种投影方法称为平行投影法，用平行投影法所形成的投影，如图 2-2（b）、（c）所示，称为平行投影。

平行投影中，根据投射线与投影面垂直与否，又分为平行斜投影和平行正投影两种。

（1）平行斜投影　如图 2-2（b）所示，当投射线相互平行，且倾斜于投影面时，所形成的投影，称为平行斜投影，简称斜投影。作出斜投影的方法称为斜投影法。

（2）平行正投影　如图 2-2（c）所示，当投射线相互平行，且垂直于投影面时，所形成的投影，称为平行正投影，简称正投影。作出正投影的方法称为正投影法。

中心投影不能够反映空间形体的真实大小，而平行投影中的平行正投影可以反映空间形体的真实大小，且物体的投影大小与形体到投影面的距离无关。

任务 2.2　平行正投影的特征

平行正投影法是建筑制图中绘制图样的主要方法，因此了解平行正投影的特征，对于分析和正确绘制工程图样至关重要。

在建筑制图中，平行正投影的特征归纳为以下六个方面。

二维码 2.2

2.2.1　同素性

点的投影仍然是一个点，而直线的投影一般情况下为一条直线（特殊情况除外）。

如图 2-3（a）所示，自点 A 向投影面 H 引垂线，所得垂足 a 即为点 A 在投影面上的正

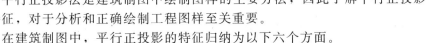

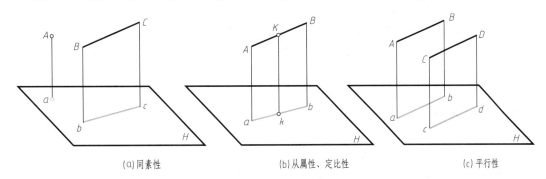

(a)同素性　　　　(b)从属性、定比性　　　　(c)平行性

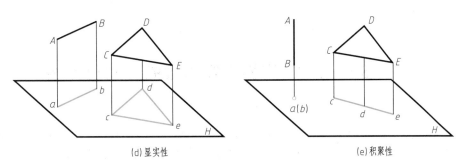

(d)显实性　　　　(e)积聚性

图 2-3　平行正投影的特征

投影，过直线 BC 向投影面 H 作垂直面，所得交线 bc 即为直线 BC 在 H 面上的正投影。

2.2.2　从属性

点在直线上，点的投影一定在直线的同面投影上。

如图 2-3（b）所示，点 K 在直线 AB 上，点 K 的投影一定在直线 AB 的同面投影上，即 $K \in AB$，则 $k \in ab$。

2.2.3　定比性

点在直线上，点分直线两段的比值等于点的投影分直线投影两段的比值。

如图 2-3（b）所示，$K \in AB$，则 $AK:KB=ak:kb$。

2.2.4　平行性

空间两条直线相互平行，其同面投影一定相互平行，且两条直线长度的比值等于同面投影的比值。

如图 2-3（c）所示，空间两条直线 $AB//CD$，则 $ab//cd$，且 $AB:CD=ab:cd$。

2.2.5　显实性（度量性）

当空间直线与投影面相互平行时，则该直线在该投影面上的投影反映实长，当空间平面与投影面相互平行时，则该平面在该投影面上的投影反映实形。

如图 2-3（d）所示，若直线 $AB//H$，则 $ab=AB$；若空间平面 $\triangle CDE//H$，则 $\triangle CDE \cong \triangle cde$。

2.2.6　积聚性

当直线与投影面相互垂直时，则直线在该投影面上投影表现为一个点。当空间平面与投影面相互垂直时，则该平面在该投影面上的投影表现为一条直线。

如图 2-3（e）所示，若直线 $AB \perp H$，则 a（b）积聚为一个点，若平面 $\triangle CDE \perp H$，则其投影 cde 积聚为一条直线。

以上六条基本特征，利用初等几何的相关知识均可以进行证明，本书不再赘述。

任务 2.3　三面正投影图的形成及特性

工程中绘制图样的主要方法是正投影法。如何将空间具有长、宽、高三个向度的几何体，在平面图中表达出来，又如何以一幅投影图判断出空间物体的立体形状，这是建筑制图要解决的主要问题。

但是，只用一个正投影图来表达空间物体是不够的。如图 2-4 所示，用正投影法将空间三个不完全相同的物体Ⅰ、Ⅱ和Ⅲ向 H 投影面进行正投影，所得到的投影完全相同。也就是说，该投影既可以看成物体Ⅰ的投影，也可以看成物体Ⅱ和Ⅲ的投影。这是因为，空间物体有长、宽、高三个向度，而一个投影只反映其中的两个向度。由此可见，形体的单面投影是不能确切、完整地表达物体的形状。为了确定物体的形状必须画出物体的多面正投影图——建筑制图中，通常采用三面正投影图。

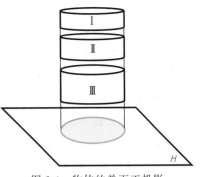

图 2-4　物体的单面正投影

2.3.1　三面正投影图的形成

2.3.1.1　三面投影体系的建立

如图 2-5（a）所示，形体的三面正投影是将空间形体向三个相互垂直的投影面进行投影，其中一个投影面平行于地面，用字母 H 表示，为水平投影面；另一个投影面与 H 面相互垂直，处于正立位置，用字母 V 来表示，为正立投影面；还有一个投影面与 H 以及 V 面都相互垂直，处于侧立位置，用字母 W 来表示，为侧立投影面。两个投影面之间的交线，为投影轴。其中，V 面与 H 面的交线，为 OX 投影轴；

二维码 2.3

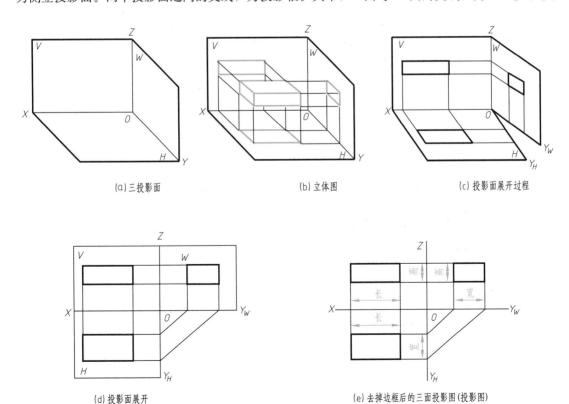

图 2-5　三面正投影图的形成

H 面与 W 面的交线，为 OY 投影轴；而 V 面与 W 面的交线，为 OZ 投影轴。

2.3.1.2　三面正投影的形成

如图 2-5（b）所示，将空间形体置于三面投影体系中，分别向 H 面、V 面以及 W 面三个投影面进行正投影，从上向下看，在 H 面上得到了空间形体的水平投影，从前向后看，在 V 面上得到了空间形体的正面投影，从左向右看，在 W 面上得到空间形体的侧面投影。

2.3.1.3　三面正投影图的展开

如图 2-5（b）所示，形体的三面投影为一个空间体系，而工程图纸为一个二维的平面图形，如何将三维投影图转换为二维投影图呢？为此按以下方法进行展开，保持 V 面不变，使水平投影面 H 与侧立投影面 W 沿 OY 轴分开［图 2-5（c）］，使 H 投影面绕着 OX 轴向下向后旋转 $90°$，而 W 投影面绕着 OZ 轴向右向后旋转 $90°$。这样，三维立体图形就展开为一个平面图形［图 2-5（d）］。投影面的边框对投影图不产生任何影响，可以省略不画，仅仅绘出投影轴，这种图形称为形体的三面投影图。

2.3.2　三面正投影图的投影特征和投影关系

如图 2-5（e）所示，展开后的三面投影图的位置关系和尺寸关系是：形体的水平投影反映形体的长度和宽度，形体的正面投影反映形体的长度和高度，形体的侧面投影反映形体的宽度和高度。

由于形体的正面投影和水平投影都反映形体的长度，展开后，这两个投影左右对齐，这种关系，称为"长对正"；形体的正面投影和侧面投影同时反映形体的高度，这种关系，称为"高平齐"；形体的水平投影和侧面投影都反映形体的宽度，这种关系，称为"宽相等"。

因此，根据形体的三面投影图，得到了形体的三面投影特征：长对正、高平齐、宽相等。这条特征是正投影图重要的投影对应关系。

空间形体投影图之间的相互关系，如图 2-6 所示。从图 2-6（a）中可以判断出，形体的上下、左右、前后之间的位置关系。但是如果将直观图转换成投影图，又如何来判断形体的上下、左右、前后之间的位置关系呢？

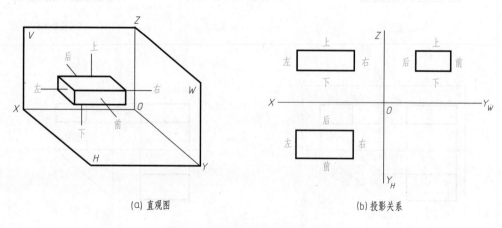

(a) 直观图　　　　　　　　　　(b) 投影关系

图 2-6　投影图上形体的投影方向

根据直观图，可以绘制出形体的三面投影图，如图 2-6（b）所示，从图中可以看出，形体的正面投影（V 投影），反映形体的上下、左右之间的位置关系；形体的水平投影（H 投影），反映的是形体的前后、左右之间的位置关系；而形体的侧面投影（W 投影），反映形体的上下、前后之间的位置关系。

思考题

1. 中心投影和平行投影的区别是什么？
2. 简述平行正投影的几何特征。
3. "长对正、高平齐、宽相等"的具体含义是什么？

教学单元三 投影的基本原理

学习目标

• 知识目标

理解点的投影规律；

掌握空间两点相对位置及重影点可见性的判断；

理解不同位置直线的投影特征；

理解不同位置平面的投影特征；

掌握空间两条直线相对位置关系判定方法；

熟悉平面内点和线的判定方法；

了解用直角三角形法求一般位置直线实长及倾角的求法；

了解直角的投影；

掌握直线与平面及空间两平面的位置关系及判定方法。

• 能力目标

学会利用点的投影特征判断空间点的相对位置关系；

学会重影点可见性的判断；

能够根据直线的投影特征判断直线、平面的相对位置关系；

学会空间两直线的相对位置关系的判断；

学会直线与平面、平面与平面之间关系的判别方法。

知识导图

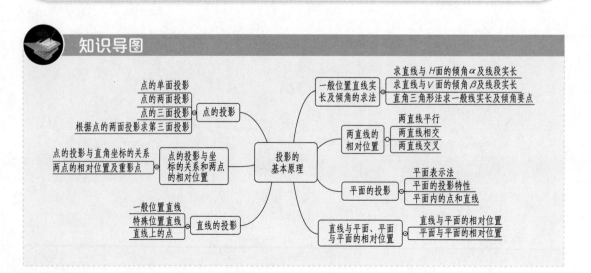

任务 3.1 点的投影

任何形体都是由点、线、面所组成的。点是构成立体的最基本的几何元素，要正确地表达形体、正确地理解设计师的设计思想，点的投影规律是必须掌握的基本知识。

3.1.1 点的单面投影

点的单面投影，是指将空间点在一个投影面上进行投影，实质上是过该点向投影面所作垂线的垂足。因此，点的投影仍然为一个点。

如图 3-1 所示，求取空间点 A 在投影面 H 上的投影，为求点 A 在 H 面上的投影，需要过点 A 作 H 投影面的垂线，垂线与 H 投影面的交点 a，即为点 A 在 H 面上的投影。这个投影是唯一确定的。反之，如果知道了投影点 a，能否确定空间点 A 的具体位置呢？过点 a 作投影面 H 的垂线，则空间点 A 的具体位置，可能会在点 A_1 所在的位置，也可能会在点 A_2、…、A_n 所在的位置。因此，仅凭点 A 的一个投影无法确定点 A 在空间的具体位置。点的单面投影在建筑制图中不予进行研究。

3.1.2 点的两面投影

3.1.2.1 两面投影体系的设立

如图 3-2 所示，为了确切地确定点的空间位置，再设立一个与 H 面相互垂直的投影面 V。并使 H 投影面与地面相互平行，该投影面为水平投影面（简称 H 面），使投影面 V 正对着观测者，该投影面为正立投影面（简称 V 面），两个投影面之间的交线为投影轴，用 OX 来表示。由两个相互垂直的投影面所建立的投影体系，称为两面投影体系。

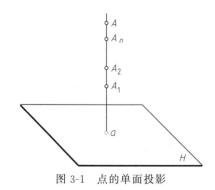

图 3-1 点的单面投影

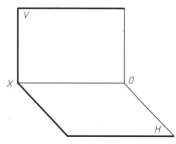

图 3-2 两面投影体系

3.1.2.2 点的两面投影

如图 3-3（a）所示，假设在两个投影面的空间内有一点 A，求点 A 在 H 面以及 V 面上的投影。

具体做法为：过点 A 分别作 H 面以及 V 面的垂线，垂线与两个投影面的交点，即为点

A 在 H 面以及 V 面上的投影，分别用字母 a 和字母 a' 来表示。点 A 在 H 面上的投影 a，称为点 A 的水平投影；点 A 在 V 面上的投影 a'，称为点 A 的正面投影。

假想将空间点 A 移去，再过 a 和 a' 分别作 H 面和 V 面的垂线，其交点为点 A 的空间具体位置。由此可见，空间点的两面投影图可以确定出点的具体位置。点的两面投影是建筑制图课程的主要内容之一。

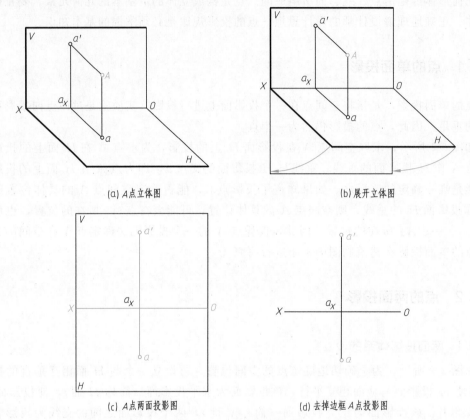

(a) A 点立体图 　　　　　　　　　　　　　　　　(b) 展开立体图

(c) A 点两面投影图 　　　　　　　　　(d) 去掉边框 A 点投影图

图 3-3　点的两面投影

由于空间点 A 的两面投影分别位于两个相互垂直的投影平面上，是一个空间体，但实际画图时要画在同一张图纸上，为此，可把 H、V 两个投影面展开成同一个平面。如图 3-3（b）所示，保持 V 面不变，将 H 面绕着 OX 投影轴向下向后旋转 $90°$ 与 V 面相互重合，就得到点 A 的两面正投影图 [图 3-3（c）所示]，简称点的两面投影图。由于投影面的边框与空间点的位置及点的投影无关，因此，在绘制点的两面投影图时，仅仅画出投影轴和点的两个投影即可，边框可以省略不画，如图 3-3（d）所示。

从图 3-3 上 a 点的投影过程可知，过空间点 A 的两条投射线 Aa、Aa' 所确定的平面为 V 面以及 H 面的垂直面。根据初等几何相关知识可知，四边形 Aaa_xa' 为一个矩形。

因此，点的两面投影具有下列投影规律：

（1）点（A）的水平投影（a）和正面投影（a'）的连线垂直于 OX 轴，即 $aa' \perp OX$；

（2）点（A）的水平投影（a）到 OX 轴的距离恒等于空间点（A）到 V 面的距离，即 $aa_x = Aa'$。空间点（A）的正面投影（a'）到 OX 轴的距离恒等于空间点（A）到 H 面的距离，即 $a'a_x = Aa$。

3.1.3 点的三面投影

3.1.3.1 三面投影体系的设立

如图 3-4 所示，在两面投影 H 和 V 的基础上，再在右侧增加侧立投影面 W，使 W 投影面同时与 H 和 V 投影面相互垂直，这样就构成三个相互垂直的投影面，其中 W 面与 V 面的交线，用 OZ 来表示，W 面与 H 投影面的交线，用 OY 来表示，三个投影面的交线，称为投影轴，三条投影轴的交点 O 称为原点，三条投影轴相互垂直。

3.1.3.2 三面投影体系的设立

点作为物体最基本的几何元素，通常需要画出其三面投影，如图 3-5（a）所示，假设在三面投影空间内有一点 A，它在 H 面以及 V 面上的投影分别用 a 及 a' 来表示，过点 A 作 W 面的垂线，

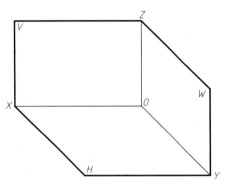

图 3-4 三面投影体系

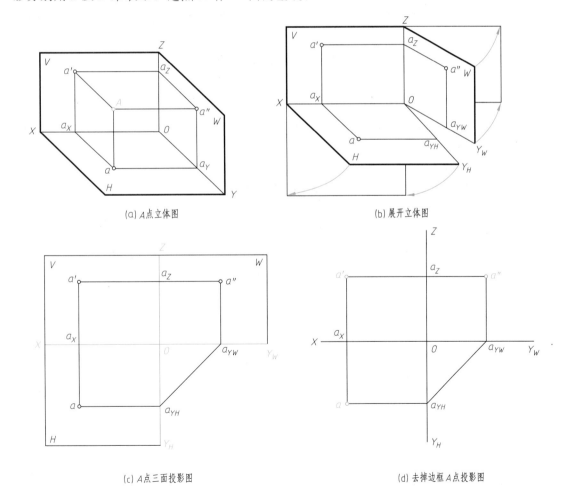

（a）A 点立体图

（b）展开立体图

（c）A 点三面投影图

（d）去掉边框 A 点投影图

图 3-5 点的三面投影

垂线与 W 面的交点，即为点 A 在 W 面上的投影 a''，a'' 称为点 A 的侧面投影。

如图 3-5（b）所示，由于点 A 的水平投影 a、正面投影 a' 及侧面投影 a'' 分别位于三个相互垂直的投影面上，为把 a、a'、a'' 放在同一个平面内，保持 V 面不动，将 H 投影面绕着 OX 投影轴向下向后旋转 $90°$，将 W 投影面绕着 OZ 轴向右向后旋转 $90°$，与正立投影面相互重合，于是三个投影面就展开为一个平面，旋转后的 OY 投影轴有两个位置，随着 H 面旋转的 OY 投影轴用 OY_H 来表示，随着 W 面旋转的 OY 投影轴用 OY_W 来表示，这样就得到了点 A 的三面投影图，如图 3-5（c）所示。为了简便画图，可以将投影面的边框去掉，仅画出投影及投影轴，如图 3-5（d）所示。

如图 3-5 所示，根据点的三面直观图，可以分析出经过空间点 A 的三条投射线 Aa、Aa' 和 Aa'' 确定了三个平面，根据初等几何的相关知识，三个四边形平面 Aaa_xa'、$Aa'a_za''$ 和 Aaa_Ya'' 均为矩形，且三个平面分别与三个投影轴相互垂直。因此，点的三面投影图具有以下投影规律：

（1）点（A）的水平投影（a）和正面投影（a'）的连线垂直于 OX 轴，即 $aa' \perp OX$；

（2）点（A）的正面投影（a'）和侧面投影（a''）的连线垂直于 OZ 投影轴，即 $a'a'' \perp OZ$；

（3）点（A）到 H 面的距离恒等于空间点 A 的正面投影（a'）到 OX 轴的距离以及侧面投影（a''）到 OY 轴的距离，即 $Aa = a'a_x = a''a_Y$；

（4）点（A）到 V 面的距离恒等于空间点 A 的水平投影（a）到 OX 轴的距离以及侧面投影（a''）到 OZ 的距离，即 $Aa' = aa_x = a''a_Z$；

（5）点（A）到 W 面的距离恒等于空间点 A 的水平投影（a）到 OY 轴的距离以及正面投影（a'）到 OZ 轴的距离，即 $Aa'' = aa_Y = a'a_Z$。

点的三面投影规律说明在点的三面投影图中，每两个投影面上的投影，都具有一定的联系。因此，只要给出点的任意两个投影面上的投影，就可以求出点的第三个投影。这种利用点的两面投影求取点的第三面投影的方法，称为"二补三"作图法。

3.1.4　根据点的两面投影求第三面投影

因为点的任何两面投影都可以确定点的空间位置，而且每两个投影之间都具有一定的投影规律，所以只要给出点的两面投影，就可以求出其第三面投影。

【例 3-1】　如图 3-6（a）所示，已知点 A 的水平投影 a 和正面投影 a'，求其侧面投影 a''。

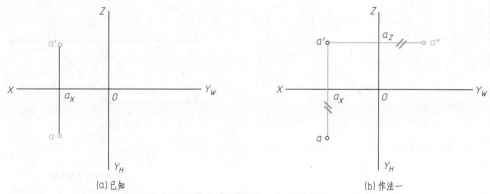

(a) 已知　　　　　　　　　　　　　　　(b) 作法一

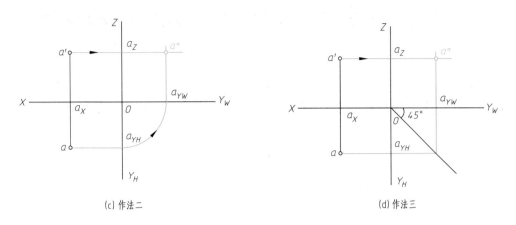

(c) 作法二　　　　　　　　　　　(d) 作法三

图 3-6　点的"二补三"作图（1）

分析　　根据点的三面投影规律可知，点的正面投影和侧面投影的连线垂直于 OZ 投影轴，因此，a'' 必在过 a' 作 OZ 投影轴垂线的延长线上。点的水平投影 a 到 OX 轴的距离恒等于点的侧面投影 a'' 到 OZ 轴的距离，根据距离相等，就求得点 A 在 W 面上的投影 a''。

作图

（1）如图 3-6（b）、（c）所示，过 a' 作 OZ 轴的垂线并延长。

（2）在所作的垂线延长线上截取 $a''a_Z = aa_Y$，即得 a''。

作图中为使 $a''a_Z = aa_X$，也可以采用 1/4 圆弧将 aa_{YH} 转向 $a''a_Z$〔图 3-6（c）〕，还可以采用 45°辅助斜线将 aa_{YH} 转向 $a''a_Z$〔图 3-6（d）〕。

【例 3-2】　　已知 A、B、C 三个点的两面投影，求点 A、B、C 的第三面投影，如图 3-7（a）所示。

作图过程依据点的三面投影规律，如图 3-7（b）中箭头所示，这里不再细述。

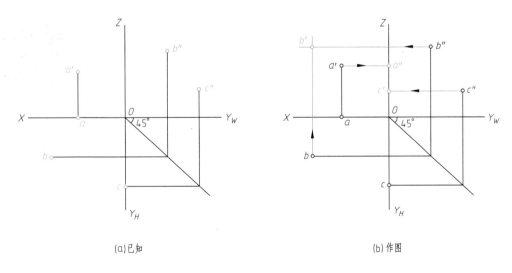

(a)已知　　　　　　　　　　　　(b)作图

图 3-7　点的"二补三"作图（2）

任务 3.2　点的投影与坐标的关系及两点的相对位置

3.2.1　点的投影与直角坐标的关系

如图 3-8 所示，若将三个投影面看作为三个坐标面，那么 OX、OY、OZ 三个投影轴即为三个坐标轴，这样点到投影面的距离可以用点的三个坐标 x、y、z 来表示。

点（A）的 x 坐标等于点（A）到 W 面的距离，即 $x=Aa''=a_X o=aa_Y=a'a_Z$；

点（A）的 y 坐标等于点（A）到 V 面的距离，即 $y=Aa'=a_Y o=aa_X=a''a_Z$；

点（A）的 z 坐标等于点（A）到 H 面的距离，即 $z=Aa=a_Z o=a'a_X=a''a_Y$。

若采用 $A(x,y,z)$ 坐标形式表示点 A 的空间位置，则点 A 的三个投影坐标分别为 $a(x,y)$、$a'(x,z)$、$a''(y,z)$。

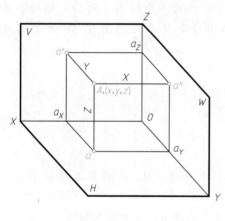
(a)

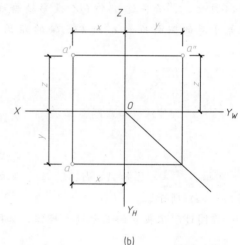
(b)

图 3-8　点的投影与直角坐标的关系

二维码 3.1

【例 3-3】　已知点 $A(15,5,10)$，求点 A 的三面投影 a、a' 和 a''。

分析　从点 A 的三个坐标可知，点 A 到 W 面的距离为 15，到 V 面的距离为 5，到 H 面的距离为 10。根据点的投影规律和点的三面投影与其三个坐标的关系，即可求得点 A 的三个投影。

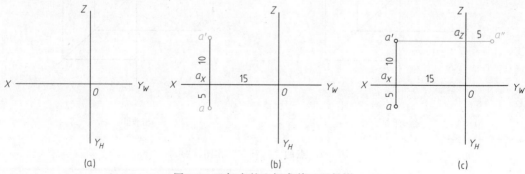

图 3-9　已知点的坐标求其三面投影

作图

(1) 如图 3-9 (a) 所示，画投影轴，并标注相应的符号；

(2) 如图 3-9 (b) 所示，自原点 O 沿 OX 轴向左量取 $x=15$，得 a_X；然后过 a_X 作 OX 轴的垂线，沿该垂线向前量取 $y=5$，即得点 A 的水平投影 a，向上量取 $z=10$，即得点 A 的正面投影 a'；

(3) 如图 3-9 (c) 所示，过 a' 作 OZ 轴垂线交 OZ 轴于 a_Z，由 a_Z 沿该垂线向右量取 $y=5$，即得点 A 的侧面投影 a''。

注：a'' 也可以采用"二补三"作图的方法求取。

【例 3-4】　在直观图中画出点 B（20，10，15）的三面投影及其空间位置。

作图

(1) 如图 3-10 (a) 所示，画出 H、V、W 三面投影立体图，并标注相应的符号；

(2) 如图 3-10 (b) 所示，分别在 OX、OY、OZ 三个投影轴上量取 $Ob_X=20$，$Ob_Y=10$，$Ob_Z=15$；求得 b_X、b_Y 和 b_Z。

分别过 b_X 和 b_Y 作 OX 和 OY 的平行线，交点即为点 B 的水平投影 b；

分别过 b_X 和 b_Z 作 OX 和 OZ 的平行线，交点即为点 B 的正面投影 b'；

分别过 b_Y 和 b_Z 作 OY 和 OZ 的平行线，交点即为点 B 的侧面投影 b''。

(3) 如图 3-10 (c) 所示，分别过 b、b'、b'' 作 OZ、OY、OX 的平行线，三条线的交点即为空间点 B 的具体位置。

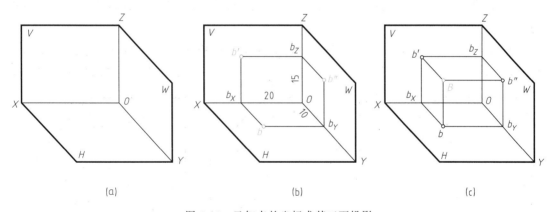

(a)　　　　　　　　　(b)　　　　　　　　　(c)

图 3-10　已知点的坐标求其三面投影

3.2.2　两点的相对位置及重影点

3.2.2.1　两点相对位置的判定

空间两个点的相对位置关系是指空间两个点的左右、前后、上下之间的位置关系，通过比较两点各坐标的大小，就可以判断两点的相对位置。一般情况下：

x 坐标大的靠近左方，x 坐标小靠近在右方；

y 坐标大的在前方，y 坐标小的在后方；

z 坐标大的在上方，z 坐标小的在下方。

已知点 A 和点 B 的三面投影图，如图 3-11 所示，判断两点的相对位置关系。

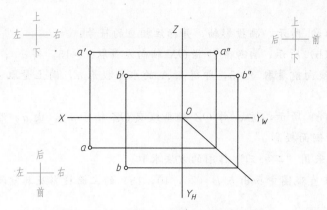

图 3-11　根据两点的投影判断其相对位置

从水平（或正面）投影可以看出，点 A 的 x 坐标大于位于点 B 的 x 坐标，说明点 A 位于点 B 的左方；从水平（或侧面）投影可以看出，点 A 的 y 坐标小于点 B 的 y 坐标，说明点 A 位于点 B 的后方；根据正面（或侧面）投影可以看出，点 A 的 z 坐标大于点 B 的 z 坐标，说明点 A 位于点 B 的上方，综合点 A 和点 B 三个坐标大小的比较，判定点 A 位于空间点 B 的左、后、上方。

3.2.2.2　重影点

当空间两个点在某一个投影面上的投影相互重合，则该两个点为该投影面上的一对重影点。

如图 3-12（a）所示，当 A、B 两点在 H 面上的投影相互重合，则该两个点为一对水平重影点，标注为 $a(b)$，上方的点可见，下方的点不可见（对于点的不可见的投影符号加括

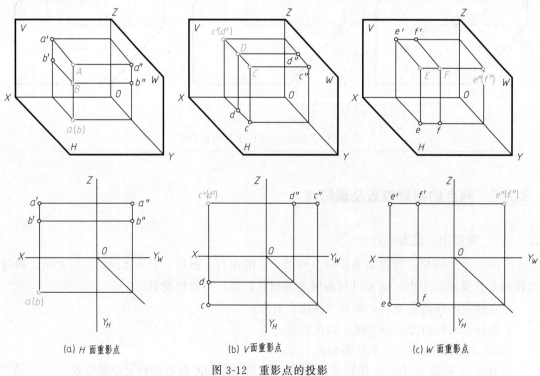

(a) H 面重影点　　　　　　(b) V 面重影点　　　　　　(c) W 面重影点

图 3-12　重影点的投影

号表示）。

如图 3-12（b）所示，当 C、D 两点在 V 面上的投影相互重合，该两个点为一对正面重影点，标注为 $c'(d')$，前方的可见，后方的不可见。

如图 3-12（c）所示，当 E、F 两点在 W 面上的投影相互重合，该两个点为一对侧面重影点，标注为 $e''(f'')$，左方的可见，右方的不可见。

显然，出现两个点投影重合的原因是两个点位于同一条投射线上（即两个点的三个坐标中有两个坐标相等）。所谓可见性是对某一投影面而言的，只有两点的某一投影面上的投影相互重合，才有可见与不可见的问题。

对于水平重影点，上方的点可见，下方的点不可见；对于正面重影点，前方的点可见，后方的点不可见；对于侧面重影点，左方的点可见，右方的点不可见。

要注意的是：对于可见的点，一般正常处理，而对于不可见的点要在表示点的字母加括号表示。

【例 3-5】 试说明 A（13，16，25），B（13，10，25）两个点为哪一个投影面上的重影点，并判断其投影的可见性。

分析　由于 A、B 两点的 x、z 坐标相同，说明这两个点在 V 面上的投影相互重合，故 A、B 两点为 V 面的重影点。比较两个点的 y 坐标可知：点 $(y_A-16)>(y_B-10)$，由此可以判定点 A 的正面投影 a' 可见，点 B 的正面投影 b' 不可见。

任务 3.3　直线的投影

直线常用线段的形式表示，在不强调线段本身的长度时，常常将线段称为直线。根据直线与投影面的相对位置不同，直线分为一般位置的直线和特殊位置的直线。

3.3.1　一般位置直线

当直线与三个投影面均相互倾斜，这样的直线，称为一般位置直线。一般位置直线与 H、V、W 三个投影面都倾斜，倾斜角度分别用 α、β、γ 来表示，如图 3-13（a）所示。

二维码 3.2

根据平行投影的基本投影特征可知，一般位置直线的投影仍然为一条直线。由初等几何可知，两点确定一直线。所以要确定直线 AB 的三面投影，只要定出该直线两个端点 A、B 的投影，然后用直线将两点的同面投影连接起来即可确定该直线的同面投影，如图 3-13（b）、（c）所示。

一般位置直线的三面投影与投影轴都相互倾斜，但倾斜的角度并不等于空间直线与投影面的倾角。如图 3-13（a）所示，直线 AB 与其三个投影之间的关系为：

$$ab=AB \cdot \cos\alpha, \quad a'b'=AB \cdot \cos\beta, \quad a''b''=AB \cdot \cos\gamma$$

也就是说，一般位置直线在投影面上的投影不具有显实性，小于空间直线的实际长度。

直线投影的求取方法同点的"二补三"作图法一致，给出直线的任意两面投影，可以补出直线的第三面投影。

根据一般位置直线的直观图和三面投影图，一般位置直线具有如下投影特征：

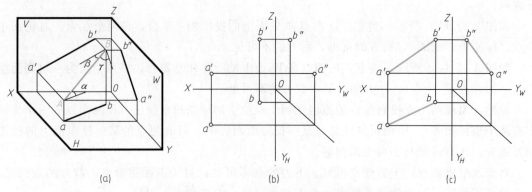

图 3-13　一般位置直线的投影

（1）直线在三个投影面上的投影均不具有显实性，投影小于空间直线的实际长度；

（2）一般位置直线其三面投影均与相应的投影轴相互倾斜。

3.3.2　特殊位置直线

与某一个投影面平行或垂直的直线称为特殊位置直线，特殊位置直线包括投影面平行线和投影面垂直线两种。

3.3.2.1　投影面平行线

与一个投影面相互平行，与其他两投影面倾斜的直线称为投影面平行线。

与水平投影面 H 平行的直线为水平线；

与正立投影面 V 平行的直线为正平线；

与侧立投影面 W 平行的直线为侧平线。

表 3-1 列出了三种类型投影面平行线的直观图和三面投影图，并总结出不同类型投影面平行线的投影特性。

从平行投影的投影特性可知，投影面平行线具有下列投影特征：

（1）直线在平行投影面上的投影反映实长（显实性），并反映与其他两个投影面倾角的实际大小；

（2）直线在其他两个投影面上的投影分别平行于相应的投影轴，且小于直线的实际长度。

表 3-1　投影面平行线

名称	直观图	投影图	投影特性
水平线			1. 水平投影反映实长和倾角 β、γ； 2. $a'b'//OX$，$a''b''//OY_W$

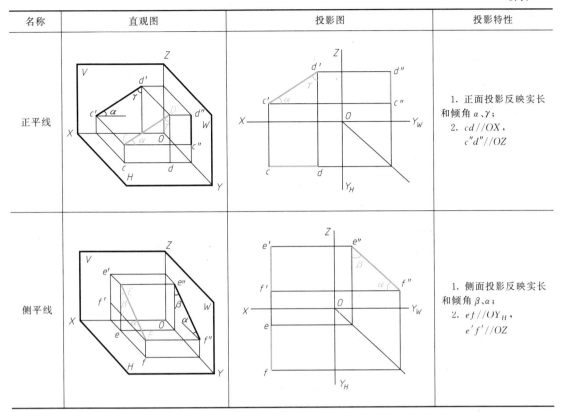

名称	直观图	投影图	投影特性
正平线			1. 正面投影反映实长和倾角 α、γ； 2. $cd//OX$，$c''d''//OZ$
侧平线			1. 侧面投影反映实长和倾角 β、α； 2. $ef//OY_H$，$e'f'//OZ$

3.3.2.2 投影面垂直线

与一个投影面相互垂直，与其他两投影面平行的直线称为投影面垂直线。

与水平投影面 H 垂直的直线为铅垂线；

与正立投影面 V 垂直的直线为正垂线；

与侧立投影面 W 垂直的直线为侧垂线。

表 3-2 列出了三种类型投影面垂直线的直观图和三面投影图，并总结出不同类型投影面垂直线的投影特性。

表 3-2　投影面垂直线

名称	直观图	投影图	投影特性
铅垂线			1. 水平投影积聚为一个点； 2. $a'b'\perp OX$，$a''b''\perp OY_W$，并且都反映实长

名称	直观图	投影图	投影特性
正垂线			1. 正面投影积聚为一个点； 2. $cd \perp OX$， 　$c''d'' \perp OZ$，并且都反映实长
侧垂线			1. 侧面投影积聚为一个点； 2. $ef \perp OY_H$， 　$e'f' \perp OZ$，并且都反映实长

从垂直投影的投影特性可知，投影面垂直线具有下列投影特征：

（1）直线在垂直投影面上的投影积聚为一个点（积聚性）；

（2）直线在其他两个投影面上的投影分别垂直于相应的投影轴，且反映直线的实际长度（显实性）。

【例 3-6】　如图 3-14（a）所示，过点 A 作正平线 $AB = 15$，点 B 位于点 A 的右上方，且直线与 H 面的倾角 $\alpha = 30°$。完成正平线 AB 的投影图。

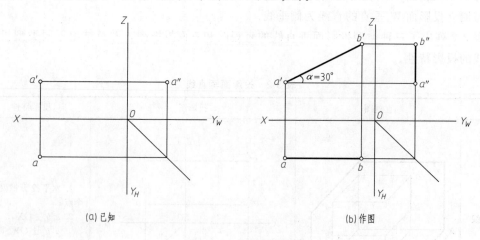

(a) 已知　　　　　　　(b) 作图

图 3-14　求作正平线

分析　由正平线的投影特性可知，其正面投影反映实长，该投影与 OX 轴的夹角反映直线与 H 面的倾角 α；正平线水平投影及侧面投影分别平行于 OX 和 OZ。

作图

（1）如图 3-14（b）所示，过 a' 作与 OX 成 30° 的向右上倾斜的直线，使得 $a'b' = 15$；并分别过 a'、b' 作 OX 及 OZ 轴的垂线并且延长；

（2）过 a 作 OX 的平行线，与过 b' 作 OX 垂线的延长线相交，即得 b；

（3）过 a'' 作 OZ 的平行线，与过 b' 作 OZ 垂线的延长线相交，即得 b''。

3.3.3　直线上的点

点在直线上，即点属于直线。根据平行投影的基本特征，从属性和定比性可知，若点在直线上，则点的投影满足下列投影特征：

（1）点在直线上，点的投影一定在直线的同面投影上；

（2）点在直线上，点将空间直线分成两段，这两段的比值恒等于点的投影将直线的投影分成两段的比值。

如图 3-15 所示，若 $C \in AB$，则 $c \in ab$，$c' \in a'b'$，$c'' \in a'b''$；
且 $AC : CB = ac : cb = a'c' : c'b' = a''c'' : c''b''$。

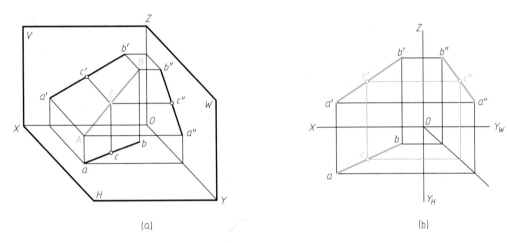

(a)　　　　　　　　　　　(b)

图 3-15　直线上的点

【例 3-7】　判断点 K 是否位于直线 AB 上，如图 3-16（a）、（b）所示。

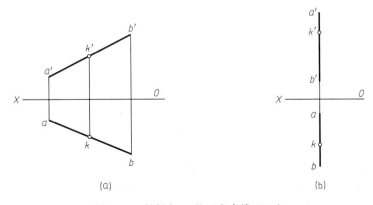

(a)　　　　　　　　　　(b)

图 3-16　判断点 K 是否在直线 AB 上

分析　根据点在直线上的投影特征可知，点在直线上，点的投影一定在直线的同面投影上。因此，点 K 在直线 AB 上，则点 K 的侧面投影 k″一定在直线 AB 的侧面投影 a″b″上。
判定方法　见图3-17。

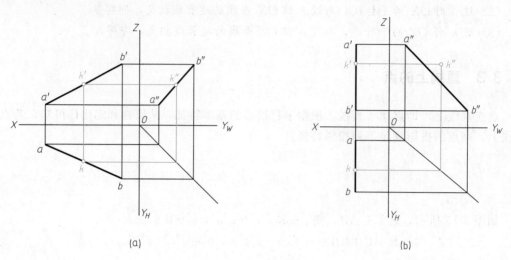

图 3-17　判定方法

利用 W 投影判定：

利用已知点的两面投影求出第三面投影的方法，分别求出图 3-16（a）、（b）中直线 AB 和点 K 的侧面投影 a″b″和 k″。从图中可以看出，图 3-16（a）中点 K 在直线 AB 上，图 3-16（b）中点 K 不在直线 AB 上。

利用定比性判定：

若点 K 在直线 AB 上，则 a′k′：k′b′＝a″k″：k″b″，根据图 3-17（b）不难判断 a′k′：k′b′≠a″k″：k″b″，则点 K 不在直线 AB 上。

【例 3-8】　如图 3-18（a）所示，在直线 AB 上找一点 K，使 AK：KB＝2：3。

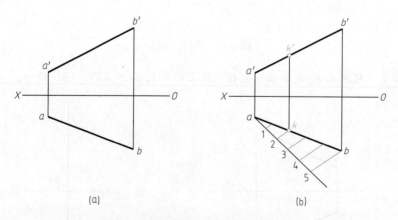

图 3-18　在直线上取点，分线段为定比

分析　由点在直线上的投影特征可知，AK：KB＝2：3，则其投影 ak：kb＝a′k′：k′b′＝2：3。因此只要用几何作图的方法把 ab 或 a′b′划分为 2：3，即可求得点 K 的一个投影，再根据点在直线上的投影特征，即可求得点在另一个投影面上的投影。

作图

（1）如图 3-18（b）所示，过点 a 作任一直线，并从 a 起在该直线上取 5 等分，得 1、2、3、4、5 五个分点；

（2）连接 $b5$，再过分点 2 作 $b5$ 的平行线，与 ab 相交于 k，则点 k 即为点 K 的水平投影；

（3）过 k 作 OX 轴的垂线，与 $a'b'$ 相交，即得 k'。

任务 3.4 一般位置直线实长及倾角的求法 *

根据直线的投影特征可知，特殊位置直线的投影能够反映线段的实际长度和对投影面的倾角，而一般位置直线其三面投影均不能反映线段的实长及与投影面的倾角。为求取一般位置直线与投影面的倾角和实长的大小，可以采用几何作图的方法，这种方法为直角三角形法。

3.4.1 求直线与 H 面的倾角 α 及线段实长

分析 如图 3-19 所示，已知空间一般位置直线 AB 的两面直观图和两面投影图，在投影图中，$a'b'$、ab 均小于直线 AB 的实长，且均不反映任何倾角的实形。那么直线的实长和倾角在投影图中如何表示呢？可以利用直角三角形法进行求取。如图 3-19（a）所示，过点 A 作 $AB_O /\!/ab$，交 Bb 于 B_O，则 $\triangle ABB_O$ 为一个直角三角形。在该直角三角形中，由于直角边 $AB_O = ab$，另一个直角边 $BB_O = Bb - Aa$（即点 A 及点 B 在 Z 方向的向度差，用 ΔZ_{AB} 来表示）。斜边为空间直线 AB 本身，则 $\angle BAB_O$ 代表直线与投影面 H 的倾角 α。

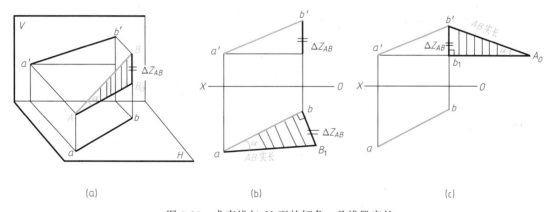

(a)   (b)   (c)

图 3-19 求直线与 H 面的倾角 α 及线段实长

在投影图中，直线 AB 的水平投影 ab 已知。A、B 两点的 Z 坐标差 ΔZ_{AB}，可以在正面投影上直接量取，根据这两条直角边，即可作出直角三角形 $\triangle ABB_O$ 的实形。

作图方法 1 ［见图 3-19（b）］

（1）求 A、B 两点的 Z 坐标差 ΔZ_{AB}；

＊：表示拓展内容。

（2）在水平投影面上，以 ab 为一直角边，以 ΔZ_{AB} (bB_1) 为另一条直角边作直角三角形 $\triangle abB_1$，则斜边 $aB_1 = AB$，$\angle baB_1 = \alpha$。

作图方法 2 ［见图 3-19（c）］

（1）求 A、B 两点的 Z 坐标差 ΔZ_{AB}，$\Delta Z_{AB} = b'b_1$；

（2）在正面投影面上，作 $b_1A_O = ab$，且与 $b'b_1$ 相互垂直；

（3）以 ΔZ_{AB} 为一条直角边，以 b_1A_O 为另条一直角边，作直角三角形 $\triangle b_1b'A_O$，则斜边 $b'A_O = AB$，$\angle b'A_Ob_1 = \alpha$。

3.4.2 求直线与 V 面的倾角 β 及线段实长

分析 如图 3-20 所示，已知空间直线 AB 的两面直观图和两面投影图。如图 3-20（a）所示，过点 B 作 $BA_O /\!/ a'b'$，交 Aa' 于 A_O，则 $\triangle ABA_O$ 为一个直角三角形。在该直角三角形中，由于直角边 $BA_O = a'b'$，另一个直角边 $AA_O = Aa' - Bb'$（即点 A 及点 B 在 Y 方向的向度差，用 ΔY_{AB} 来表示）。斜边为空间直线 AB 本身，则 $\angle ABA_O$ 代表直线与投影面 V 的倾角 β。

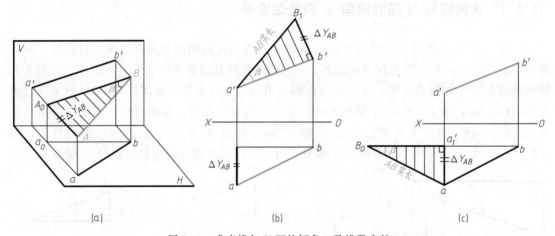

图 3-20 求直线与 V 面的倾角 β 及线段实长

作图方法 1 ［见图 3-20（b）］

（1）求 A、B 两点的 Y 坐标差 ΔY_{AB}；

（2）在正立投影面上，以 $a'b'$ 为一直角边，以 ΔY_{AB} 为另一条直角边作直角三角形 $\triangle a'b'B_1$，则斜边 $a'B_1 = AB$，$\angle b'a'B_1 = \beta$。

作图方法 2 ［见图 3-20（c）］

（1）求 A、B 两点的 Y 坐标差 $\Delta Y_{AB} = aa_1'$；

（2）在水平投影面上，作 $a_1'B_O$ 与 $a_1'a$ 相互垂直，且 $a_1'B_O = a'b'$；

（3）以 ΔY_{AB} 为一条直角边，以 $a_1'B_O$ 为另条一直角边，作直角三角形 $\triangle aa_1'B_O$，则斜边 $aB_O = AB$，$\angle a_1'B_Oa = \beta$。

3.4.3 直角三角形法求一般线实长及倾角要点

（1）采用直角三角形法求一般位置直线的实长及倾角时，直角三角形的斜边均为线段实长，而另外三个要素即倾角、投影长、坐标差，其对应关系为：求 α 及线段实长时，量取 Z 方向的坐标差 ΔZ_{AB}；求 β 及线段实长时，量取 Y 方向的坐标差 ΔY_{AB}；求 γ 及线段实长时，量取 X 方向的坐标差 ΔX_{AB}。

（2）从直角三角形的作图过程可知，只要已知直角三角形四个要素（投影长、坐标差、斜边、倾角）中的任意两个，便可作出该直角三角形。因此，凡与直线段实长、倾角有关的问题都可尝试用直角三角形法进行求解。

【例 3-9】　如图 3-21（a）所示，已知空间直线 AB 的两面投影图，在直线 AB 上截取 $AC=L$，并作出点 C 的两面投影。

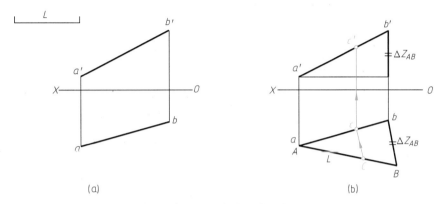

图 3-21　在一般线上截取定长

分析　可以利用直角三角形法，求取直线 AB 的实际长度，在直线 AB 上截取直线 $AC=L$。
作图

（1）用直角三角形的方法求出直线 AB 实长 aB。具体做法为：以直线 AB 的水平投影 ab 为一条直角边，以 ΔZ_{AB} 为另一条直角边作直角三角形 abB，斜边 $aB=AB$，见图 3-21（b）。

（2）在 aB 取点 C，使 $aC=L$。

（3）用定比的方法找出 C 点的水平投影 c 和正面投影 c'。

任务 3.5　两直线的相对位置

根据初等几何相关知识可知，空间两直线的相对位置关系有三种情况：平行、相交和交叉，前两种为同面直线，后者为异面直线。

3.5.1　两直线平行

如图 3-22 所示，根据平行投影的基本投影特征可知，空间两条直线 AB 与 CD 相互平行的几何条件是：

（1）如果空间直线 AB 与 CD 相互平行，则它们的同面投影一定相互平行，即 $AB /\!/ CD$，则 $ab /\!/ cd$，$a'b' /\!/ c'd'$，$a''b'' /\!/ c''d''$。

（2）两条平行直线长度的比值恒等于同面投影长度之比。

即 $AB : CD = ab : cd = a'b' : c'd' = a''b'' : c''d''$。

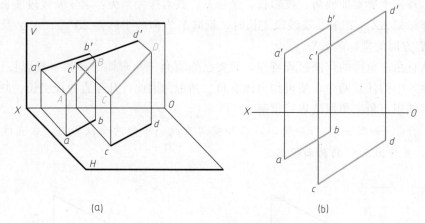

(a)   (b)

图 3-22　两平行直线的投影

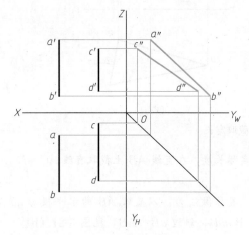

图 3-23　判断两侧平线是否相互平行

对于两条一般位置直线来说，只要任意两个投影面上的投影相互平行，则该两条直线一定相互平行。但对于两条同为某一投影面的平行线来说，则需要从两条直线在该投影面上的投影进行判定。

如图 3-23 所示，AB 和 CD 为两条侧平线。在这种情况下，仅凭其水平投影 $ab /\!/ cd$ 和正面投影 $a'b' /\!/ c'd'$，不能判断 AB 和 CD 是否平行，必须借助它们的侧面投影才能判断。从侧面投影可以看出，其侧面投影 $a''b''$ 不平行于 $c''d''$，所以 AB 不平行于 CD。

同样，判断两水平线或正平线是否平行，则必须借助于它们的水平投影或正面投影进行判定。

3.5.2　两直线相交

如图 3-24 所示，空间直线 AB、CD 相交于一点 K，该交点 K 为两直线的公共点，根据平行投影基本特征可知，空间两条直线相交的几何条件是：

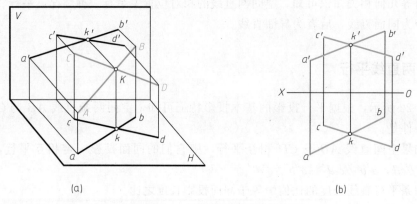

(a)   (b)

图 3-24　两相交直线的投影

（1）两直线相交，其同面投影一定相交，投影的交点就是交点的投影（投影交点的连线垂直于相应投影轴）。即 $AB \cap CD = K$，则 $ab \cap cd = k$，$a'b' \cap c'd' = k'$，$a''b'' \cap c''d'' = k''$。

（2）交点分直线所成的比例恒等于交点的投影分直线同面投影的比例。

即 $AK : KB = ak : kb = a'k' : k'b' = a''k'' : k''b''$，

$CK : KD = ck : kd = c'k' : k'd' = c''k'' : k''d''$。

对于两条一般位置直线来说，只要任意两个投影面上的投影相交，且交点的连线垂直于相应的投影轴，则该两条直线一定相交。但对于两条直线中有一条为投影面的平行线，则需要根据第三面投影进行判定。

如图 3-25 所示，AB 为一般位置直线，CD 为侧平线，在这种情况下，仅凭其水平投影和正面投影不能判断这两条直线是否相交，必须借助于它们的侧面投影才能判断。从侧面投影可以看出，直线 AB 和 CD 不相交。

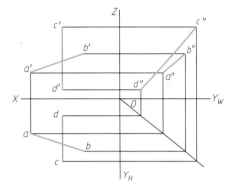

图 3-25　判断两直线是否相交

3.5.3　两直线交叉

3.5.3.1　投影特征

如图 3-26（a）所示，空间既不平行又不相交的直线为交叉直线。由于交叉直线是不共面的，所以也称为异面直线。交叉直线的投影，既不具备平行直线的投影特征，也不具备相交直线的投影特征。它们的同面投影可能相互平行，也可能相交。即使同面投影都相交，但交点的连线与投影轴不垂直，即交点不符合点的投影规律，如图 3-26（b）所示。

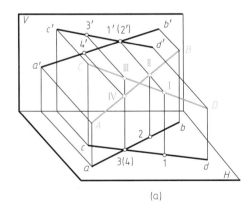

(a)

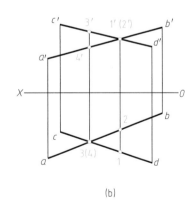

(b)

图 3-26　两直线交叉

3.5.3.2　两直线交叉的重影点

从图 3-26（a）可以看出，直线 CD 上的 Ⅰ 点和 AB 上的 Ⅱ 点，位于同一条正垂线上，是 V 面上的一对重影点；直线 CD 上的 Ⅲ 点和 AB 上的 Ⅳ 点，位于同一条铅垂线上，是 H 面上的一对重影点。从图 3-26（b）水平投影可以看出，点 Ⅰ 在点 Ⅱ 之前，所以点 Ⅰ 的正面投影可见，点 Ⅱ 的正面投影不可见。同理，从正面投影可以看出，点 Ⅲ 在点 Ⅳ 之上，所以点

Ⅲ的水平投影 3 可见，4 不可见。

3.5.4　一边平行于投影面直角的投影 *

　　根据初等几何的相关知识可知，直线在空间的夹角可以分为三种情况：锐角、钝角和直角。一般情况下，要使两直线的夹角在某一投影面上的投影角度不变，则必须使两直线都与该投影面相互平行。但是，对于直角而言，只要有一条直角边与某一个投影面相互平行，则该直角在该投影面上的投影仍为一个直角，这就是直角的投影特征。

　　直角投影特征证明如图 3-27 所示，已知直线 $AB \perp BC$，且 $AB // H$，证明 $ab \perp bc$。

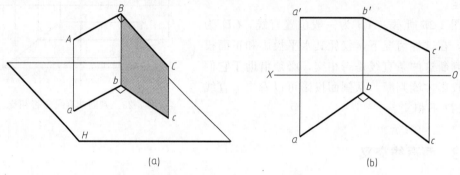

图 3-27　证明直角投影特性

　　证明：$\because AB // H$，$\therefore AB \perp Bb$；又 $\because AB \perp BC$，$\therefore AB \perp$ 面 $BCcb$；又 $\because AB // ab$，$\therefore ab \perp$ 面 $BCcb$；故 $ab \perp bc$。

　　结论：对于直角而言，只要有一条直角边平行于投影面，则该直角在该投影面上的投影仍然为一个直角。

【例 3-10】　如图 3-28 所示，求点 A 到直线 CD 的距离。

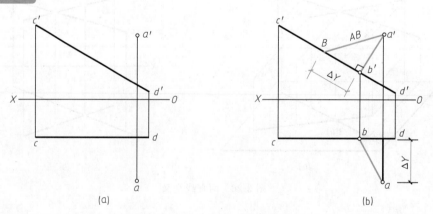

图 3-28　求点、线之间的距离

　　分析　因为直线 CD 为一条正平线，利用直角的投影特性，过点 A 作直线 CD 的垂线 AB，直线 AB 与 CD 所构成的直角在 V 面上的投影反映实形，即直角本身的大小。由于

―――――――――
　　* ：表示拓展内容。

AB 为一般位置直线，需要借助于直角三角形法求出它的实长，即点 A 到直线 CD 的距离。

作图

（1）过 a' 作 $c'd'$ 的垂线交 $c'd'$ 于 b'，得垂线段的正面投影 $a'b'$；

（2）求点 B 的水平投影 b，得出垂线段的水平投影 ab；

（3）用直角三角形法求出垂线段 AB 的实长 $a'B$，即所求点 A 到直线 CD 的真实距离。

任务 3.6 平面的投影

3.6.1 平面表示法

由初等几何可知，平面在空间的表达方法一般有五种，如图 3-29 所示：

（1）不在同一条直线上的三个点 ［图 3-29（a）］；

（2）一条直线及直线外一点 ［图 3-29（b）］；

（3）空间两条相交直线 ［图 3-29（c）］；

（4）空间两条平行直线 ［图 3-29（d）］；

（5）平面图形本身 ［图 3-29（e）］。

二维码 3.3

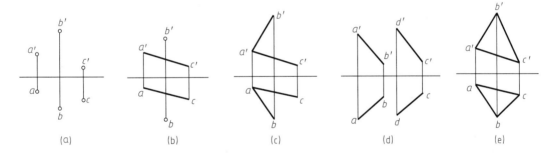

图 3-29 用几何元素表示平面

以上五种表示平面的方式，是可以相互转换的。对同一平面来说，无论采用哪种方式表示，它所确定的平面是不变的。

3.6.2 平面的投影特性

根据平面与投影面之间的关系不同，平面分为两种情况，一般位置的平面和特殊位置的平面。

3.6.2.1 一般位置平面

一般位置平面是指空间平面与三个投影面均相互倾斜的平面，与 H 面、V 面和 W 面的倾角分别用 α、β 和 γ 来表示。

如图 3-30 所示，由于空间平面 ABC 与三个投影面均相互倾斜，因此，平面 ABC 在三个投影面上的投影均不反映实形，也不具有积聚性，仅为空平面缩小的类似形状。

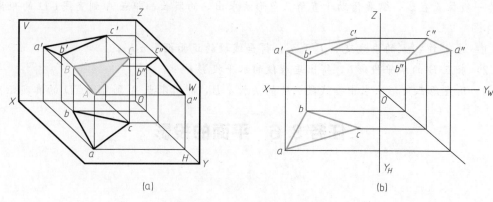

图 3-30 一般位置平面的投影

故一般位置平面的投影特性为：

（1）平面在投影面上的投影不具有显实性；

（2）平面在投影面上的投影仅反映缩小的类似形状。

3.6.2.2 特殊位置平面

与投影面垂直或平行的平面为特殊位置的平面。特殊位置平面包括投影面的垂直面和投影面的平行面两种。

（1）投影面垂直面　与一个投影面相互垂直，与其他两个投影面相互倾斜的平面，称为投影面的垂直面。投影面垂直面根据平面与投影面的关系不同，分为铅垂面、正垂面及侧垂面。

与 H 垂直的平面为铅垂面；

与 V 垂直的平面为正垂面；

与 W 垂直的平面为侧垂面。

表 3-3 列出了三种类型投影面垂直面的直观图和三面投影图，并总结出不同类型投影面垂直面的投影特性。

现以铅垂面为例，分析这类平面的投影特性：

① 由于铅垂面 ABC 垂直于 H 面，如表 3-3 所示，其水平投影积聚为一条直线段。

表 3-3　投影面垂直面

名称	直观图	投影图	投影特性
铅垂面			1. 水平投影积聚为一条与投影轴倾斜的直线，并反映平面的倾角 β 和 γ； 2. 正面投影和侧面投影为平面图形的类似形

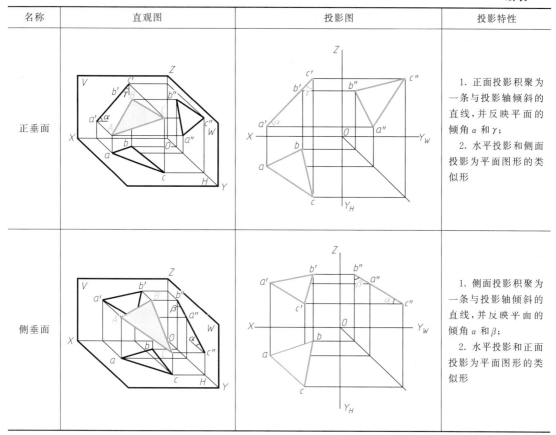

名称	直观图	投影图	投影特性
正垂面			1. 正面投影积聚为一条与投影轴倾斜的直线，并反映平面的倾角 α 和 γ； 2. 水平投影和侧面投影为平面图形的类似形
侧垂面			1. 侧面投影积聚为一条与投影轴倾斜的直线，并反映平面的倾角 α 和 β； 2. 水平投影和正面投影为平面图形的类似形

② 铅垂面 ABC 和 V 面、W 面都同时垂直于 H 面，故铅垂面的水平投影与 OX 轴及 OY_H 的夹角反映平面 ABC 与 V 面和 W 面的倾角 β 和 γ。

③ 铅垂面 ABC 与 V 面、W 面都相互倾斜，因此其正面投影和侧面投影仅反映该平面缩小的类似形状。

正垂面和侧垂面的投影特征与铅垂面类似，见表 3-3。

根据铅垂面、正垂面、侧垂面的投影特征，总结出投影面的垂直面具有如下投影特征。

① 平面在其垂直的投影面上的投影积聚为一条直线。直线与两个投影轴的夹角反映平面与另外两个投影面的倾角。

② 平面在另外两个投影面上的投影反映平面缩小的类似形状。

（2）投影面平行面　与一个投影面平行，而与其他两个投影面垂直的平面，称为投影面的平行面。投影面平行面根据平面与投影面的关系不同，分为水平面、正平面及侧平面。

与 H 平行的平面为水平面；

与 V 平行的平面为正平面；

与 W 平行的平面为侧平面。

表 3-4 列出了三种类型投影面平行面的直观图和三面投影图，并总结出不同类型投影面平行面的投影特性。

现以水平面为例，分析这类平面的投影特性。

① 水平面 $ABC /\!/ H$ 面，如表 3-4 所示，其水平投影反映该平面的实际形状。

教学单元三　投影的基本原理　55

② 由于水平面 ABC 同时垂直于 V 面和 W 面，故水平面 ABC 的正面投影和侧面投影，分别积聚为平行于 OX 轴及 OY_W 轴的线段，见表 3-4。

表 3-4　投影面平行面

名称	直观图	投影图	投影特性
水平面			1. 水平投影反映实形； 2. V 面投影积聚为直线段且平行于 OX； 3. W 面投影积聚为直线段且平行于 OY_W
正平面			1. 正面投影反映实形； 2. H 面投影积聚为直线段且平行于 OX； 3. W 面投影积聚为直线段且平行于 OZ
侧平面			1. 侧面投影反映实形； 2. H 面投影积聚为直线段且平行于 OY_H； 3. V 面投影积聚为直线段且平行于 OZ

根据水平面、正平面、侧平面的投影特征，总结出投影面的平行面具有如下投影特征：
① 平面在平行投影面上的投影具有显实性；
② 平面在其他两个投影面上的投影分别积聚为一条直线，且平行于相应的投影轴。

3.6.3　平面内的点和直线

3.6.3.1　平面内的点

如图 3-31（a）所示，如果点 M 在已知平面 ABC 内的某一直线 BD 上，则点 M 必在已知平面 ABC 内。

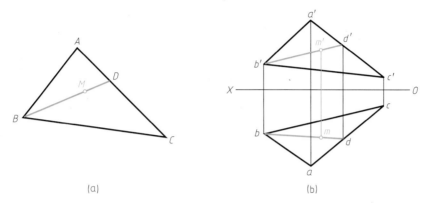

（a）　　　　　　　　　　　（b）

图 3-31　平面内的点

如图 3-31（b）所示，若点 M 的投影在已知平面 ABC 内某一直线 BD 同面投影上（即 m、m' 分别位于 bd、$b'd'$ 上），且符合点的投影规律（$mm'\perp OX$），则点 M 必在已知平面 ABC 内。

因此，要在平面内取点，必须先在平面内确定通过该点的直线。

3.6.3.2　平面内的直线

如图 3-32（a）所示，如果直线 BD 通过平面内的两个点，则直线 BD 必在已知平面 ABC 内；如果直线 MD 经过平面 ABC 内的一个点 D，且平行于平面内的一条直线 AB，则直线 MD 一定在平面 ABC 内。

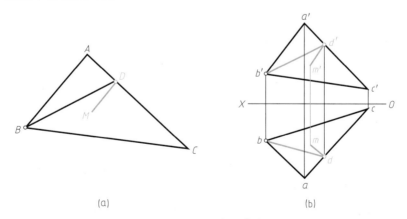

（a）　　　　　　　　　　　（b）

图 3-32　平面内的直线

如图 3-32（b）所示，如果直线 BD 的投影通过平面 ABC 内的两点 B、D 的同面投影（即 bd 通过 b 和 d，$b'd'$ 通过 b' 和 d'），则直线 BD 位于平面 ABC 内；如果直线 MD 的投影通过平面 ABC 内的点 D 的同面投影（即 md 通过 d，$m'd'$ 通过 d'），且平行于平面 ABC 内

的一条直线 AB 的同面投影 $(md /\!/ba，m'd' /\!/ b'a')$，则直线 MD 位于平面 ABC 内。

根据直线在平面内的几何条件可以看出，如果要在平面内取直线，需要在平面内先取点。

【例 3-11】　如图 3-33（a）所示，已知平面 ABC 内点 K 的正面投影 k'，求其水平投影 k。

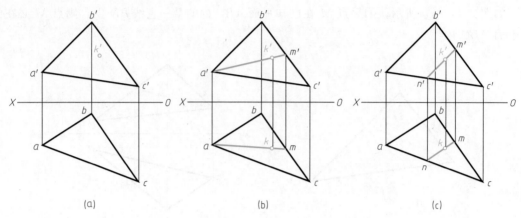

图 3-33　在平面内取点

分析　点 $K \in \triangle ABC$，它必在该平面内的某一直线上，k、k' 应分别位于该直线的同面投影上。因此，要求出点 K 的投影，需先在 $\triangle ABC$ 内作出过点 K 的辅助线。

作图方法 1　［图 3-33（b）］

用平面内的已知两点确定辅助线。

（1）连接 a'、k' 并延长它与 $b'c'$ 相交于 m'；

（2）作直线 AM 的水平投影 am；

（3）根据点在直线上的投影特征，自 k' 向下引垂直线，与 am 相交，即得点 K 的水平投影 k。

作图方法 2　［图 3-33（c）］

利用平面内的一点，作平面内已知直线的平行线，作为辅助线。

（1）在正面投影上过 k' 作 $a'b'$ 的平行线 $n'm'$；

（2）作直线 MN 的水平投影 mn；

（3）根据点在直线上的投影特征，自 k' 向下引垂直线，与 mn 相交，即得点 K 的水平投影 k。

【例 3-12】　如图 3-34（a）所示，直线 MN 在平面 ABC 内，求直线 MN 的水平投影。

分析　由于直线 MN 在平面 ABC 内，根据直线在平面内的几何条件，该直线一定经过平面 ABC 内的两个点。

作图

（1）延长 $m'n'$ 与 $a'c'$、$b'c'$ 分别相交于点 $1'$ 和点 $2'$，点 Ⅰ、Ⅱ 即为 MN 与 AC、BC 的交点；

（2）作直线 Ⅰ Ⅱ 的水平投影 12，mn 必在 12 上；

（3）根据点在直线上的投影特征，求取直线 MN 的水平投影 mn。

通过该例题的作图方法，可以得出如下结论：

在平面内取直线，先在平面内取直线经过的两个点，然后根据点的投影特征求取空间直线在投影面上的投影。

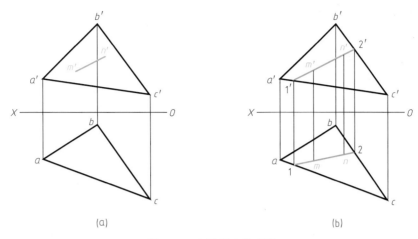

图 3-34 在平面内取直线

【例 3-13】 如图 3-35（a）所示，判断点 K 是否在平面 ABC 内。

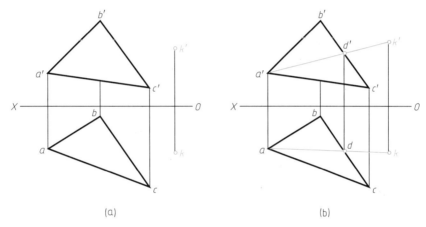

图 3-35 在平面内取直线

分析 如果点 K 在给定的平面 ABC 内，它必在该平面内的一条直线上。因此，只要过点的某一投影（k 或者 k'）在给定的平面内作一条直线的投影，观察点 K 的另一个投影是否在该直线的同面投影上，即可判断点 K 是否在给定的平面 ABC 内。

作图

（1）在平面 ABC 的正立投影面 a'b'c' 内，过 k' 作直线 a'k' 与 b'c' 相交于 d'，把 a'd' 作为平面 ABC 内给定直线的正面投影；

（2）作出直线 AD 的水平投影 ad 并延长它，可以看出点 K 的水平投影 k 位于 ad 的延长线上。因此，可以判断定点 K 在平面 ABC 内。

任务 3.7 直线与平面、平面与平面的相对位置

直线与平面、平面与平面的相对位置关系可分为平行、相交、垂直三种情况。本任务主要研究直线与平面平行和相交，以及两平面平行和相交的投影特性及作图方法，学会利用直

线与平面、平面与平面相对位置的投影特征判断直线与平面、平面与平面的相对位置关系。

3.7.1　直线与平面的相对位置

3.7.1.1　直线与平面相互平行

由初等几何可知，如果空间直线与平面内的一条直线相互平行，则该直线与该平面相互平行。如图 3-36 所示，若空间直线 MN 与平面 P 内的直线 AD 平行，则直线 MN 与平面 ABC 一定相互平行。

根据上述几何条件，可以判定直线与平面是否相互平行或作为直线与平面平行的基本依据。

【例 3-14】　如图 3-37（a）所示，判别直线 MN 与平面 ABC 是否平行。

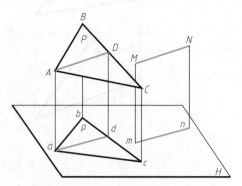

图 3-36　直线与平面平行的几何条件

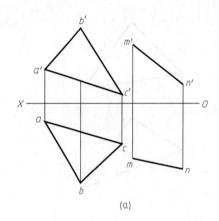

（a）

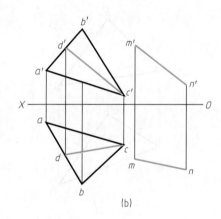

（b）

图 3-37　判别直线与平面是否相互平行

分析　由直线与平面平行的几何条件可知，如果在 △ABC 内能作出与 MN 平行的直线，则直线 MN 与平面 ABC 相互平行，否则不平行。

作图　[图 3-37（b）]

（1）在 △ABC 内作一直线 CD，使得 $c'd'$//$m'n'$，并求出 cd；

（2）检查 cd 与 mn 可知，cd 与 mn 不平行，这说明 ABC 平面内没有与直线 MN 平行的直线，因此直线 MN 与平面 ABC 不平行。

判断直线与特殊位置平面是否相互平行时，只要检查平面的积聚投影与直线的同面投影相互平行，则该直线与该平面一定相互平行。

如图 3-38 所示，平面的积聚投影 abc 与直线 MN 的同面投影 mn 相互平行，故直线 MN 与平面 ABC 相互平行。

【例 3-15】　如图 3-39（a）所示，要求过点 D 作水平线 DF 平行于平面 ABC。

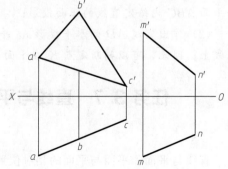

图 3-38　判别直线与铅垂面是否平行

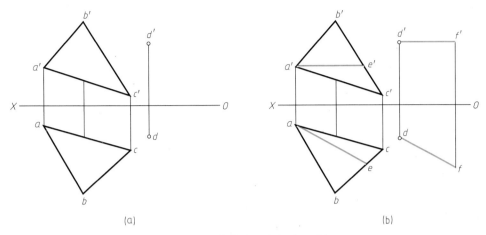

图 3-39 过点作水平线与平面平行

分析 根据题目要求，水平线 DF 必然与平面 ABC 内的水平线相互平行。

作图 ［图 3-39（b）］

（1）在平面 ABC 内作水平线 AE（ae、$a'e'$）；

（2）过 D 作 DF 平行于 AE（$df/\!/ae$、$d'f'/\!/a'e'$），DF 即为所求。

3.7.1.2 直线与平面相交

直线与平面相交有一个交点，交点是直线与平面的公共点。在解决相交问题时，除求交点以外，还应考虑可见性问题，被平面遮挡住的直线段要求画成虚线。

直线与平面相交分为三种情况来进行讨论。

（1）特殊位置直线与一般位置平面相交 特殊位置直线与一般位置平面相交，可利用直线的积聚性直接确定交点的一个投影，然后根据点在直线上的几何条件，确定交点的另一个投影。

【例 3-16】 如图 3-40（a）所示，求铅垂线 EF 与平面 ABC 的交点 K。

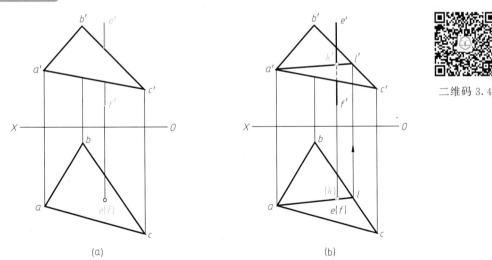

二维码 3.4

图 3-40 求铅垂线与平面的交点

分析 由于交点是直线上的点，而铅垂线的水平投影具有积聚性，因此交点的水平投影与铅垂线的水平投影相互重合。又因为交点也位于平面内，因此可利用在平面内取点的方法求交点的正面投影。

作图 ［图 3-40 (b)］

① 在铅垂线的水平投影 $e(f)$ 上标出交点的水平投影 k；

② 过 (k) 在水平投影面内作辅助线 al；

③ 作直线 AL 的正面投影 $a'l'$；

④ 根据交点双重性确定点 K 的正面投影 k'。

可见性判断

根据水平投影，直线 EF 位于平面 ABC 边线 BC 的前方，故 EK 正面投影 $e'k'$ 可见，而 $k'f'$ 与 $\triangle a'b'c'$ 的重影部分不可见。

（2）一般位置直线与特殊位置平面相交　一般位置直线与特殊位置平面相交，可以利用平面的积聚性，直接确定交点所在的位置。

【例 3-17】　如图 3-41 (a) 所示，求直线 EF 与铅垂面 ABC 的交点 K。

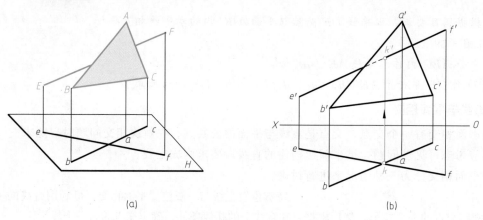

图 3-41　求直线与铅垂面的交点

分析　铅垂面的水平投影具有积聚性，因此直线的水平投影与平面积聚投影的交点即为交点的水平投影，然后利用线上定点的方法可以求得交点的正面投影。

作图　［图 3-41 (b)］

① 在直线的水平投影 ef 与平面的积聚投影 abc 的交点处标出交点的水平投影 k；

② 自 k 向上引垂直线，找到交点 K 正面投影 k'。

可见性判断

直线 EF 与铅垂面 ABC 相交，交点 K 将直线 EF 分成左右两段（即 EK、KF），从水平投影可以看出 kf 在 abc 之前（即 KF 在平面 ABC 之前），所以其正面投影 $k'f'$ 可见，$e'k'$ 与 $a'b'c'$ 重影部分不可见。

为使投影图清晰可见，在建筑制图中可见的部分用实线表示，不可见的部分用虚线表示。

（3）一般位置直线与一般位置平面相交　当给出的直线或者平面的投影无积聚性时，为相交的一般情况。在一般位置情况下，求直线与平面的交点时，需要采用辅助直线法来解决交点所在位置问题。

如图 3-42 所示，如果直线 EF 与平面 ABC 相交，交点 K 一定在平面 ABC 内的一条直线上（如 MN 上），这样平面 ABC 内过交点 K 的直线 MN 和已知直线 EF 构成一个平面。显然，直线 EF 与 MN 的交点，就是直线 EF 与平面 ABC 的交点。具体作图方法为：在平

面 ABC 内，过交点 K 作一条投影与直线 EF 同面投影重合的直线（如平面 ABC 内 MN 的水平投影与直线 EF 的水平投影相互重合）作为辅助直线，来求取直线 EF 与平面 ABC 的交点。其作图步骤如下：

① 在平面内取一辅助直线，使其一个投影与已知直线的同面投影相互重合；

② 求出已知直线与辅助直线的交点，该点即为已知直线与平面的交点。

【例 3-18】 如图 3-43（a）所示，求直线 EF 与平面 ABC 的交点 K。

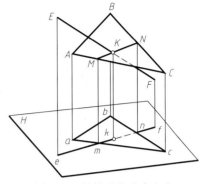

图 3-42 用辅助线法求交点

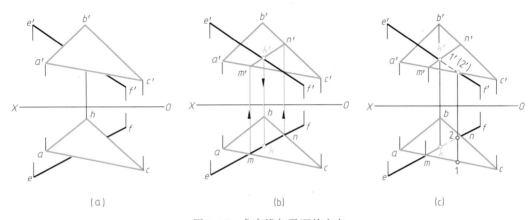

（a）　　　　　　　（b）　　　　　　　（c）

图 3-43 求直线与平面的交点

作图 ［图 3-43（b）］

① 在△ABC 平面内取辅助线 MN，使其水平投影 mn 与 ef 相互重合，根据点在直线上的投影特性，求得 MN 的正面投影 $m'n'$；

② 求得直线 EF 与 MN 交点的正面投影 k'，根据正面投影求交点 K 的水平投影 k；

可见性判断 ［图 3-43（c）］

① 判断水平投影的可见性。△ABC 内 MK 的水平投影与 EK 的水平投影相互重合，从正面投影可以看出 $e'k'$ 在 $m'k'$ 之上（即 EK 在 MK 之上），故 ek 可见，fk 与△abc 重叠部分不可见。

② 判断正面投影的可见性。可利用两交叉直线对 V 面的重影点的可见性进行判断。直线 EF 与△ABC 的边 AC 为两交叉直线。EF 上的点Ⅱ和 AC 上的点Ⅰ为正立投影面上的一对重影点。从水平投影可以看出，点Ⅰ位于点Ⅱ的前方，故 KF 的正面投影 $k'f'$ 与△a'b'c' 重叠部分不可见。

3.7.2 平面与平面的相对位置

3.7.2.1 平面与平面平行

几何条件：由立体几何相关知识可知，当一个平面内的一对相交直线与另一个平面内的一对相交直线相互平行，则该两个平面相互平行。

如图 3-44（a）所示，平面 P 内的相交直线 AB、AC 平行于平面 Q 内的相交直线 DE、DF，则平面 $P/\!/Q$，图 3-44（b）为两平面平行的投影图。

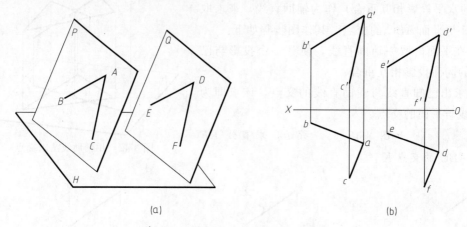

(a) (b)

图 3-44 平面与平面平行的几何条件

上述几何条件和投影特征，是判断平面与平面是否相互平行或作为平面与平面平行的基本依据。

【例 3-19】 如图 3-45（a）所示，判断△ABC 与△DEF 两个平面是否相互平行。

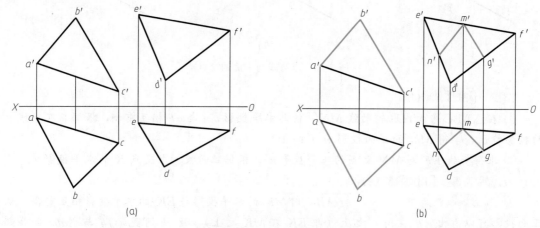

(a) (b)

图 3-45 判断两个平面是否相互平行

分析 由平面与平面相互平行的几何条件及其投影特性可知，如果在△DEF 内作出两条相交直线与△ABC 两边对应平行，则两个平面相互平行，否则两个平面不平行。

作图判断 ［图 3-45（b）］

（1）在△ABC 内任选两条相交直线 AB 和 BC；

（2）在△DEF 内的任意点 M 的正面投影作 $m'n'/\!/a'b'$、$m'g'/\!/b'c'$，并求出相应的水平投影 mn 和 mg；

（3）从图中可以看出 AB 和 BC 的水平投影与 MN 和 MG 的水平投影不平行，由此判定△ABC 与△DEF 两平面不平行。

当判断两特殊位置平面是否相互平行时，只要它们同面投影的积聚投影相互平行，则这两个平面就一定相互平行。如图 3-46 所示，两铅垂面△ABC 和△DEF 的水平投影（积聚投影）相互平行，则该两个平面相互平行。

【例 3-20】　如图 3-47（a）所示，平面 DFM 与已知平面 ABC 相互平行，完成平面 DFM 的正面投影图。

分析　根据两平面平行的几何条件，只要过点 F 作两条相交直线分别与平面 ABC 内的两相交直线相互平行即可。

作图

（1）在 $\triangle ABC$ 内的任意点 E 的水平面投影作 $ea /\!/ fd$、$eg /\!/ fm$；

（2）求 FD、FM、EA、EG 的正面投影，使得 $f'd' /\!/ e'a'$、$f'm' /\!/ e'g'$ 即可。

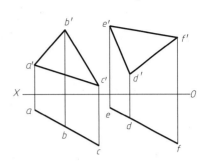

图 3-46　判断两特殊位置平面是否相互平行

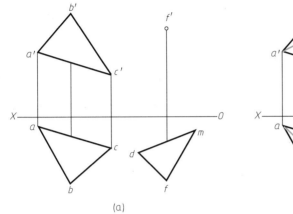

(a)

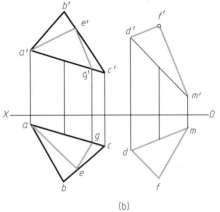

(b)

图 3-47　过点作平面与平面相互平行

3.7.2.2　平面与平面相交

平面与平面相交有一条交线，交线为两平面的公共线，即交线同时位于两个平面内，如图 3-48 所示。交线的这种性质是求两平面交线的依据。

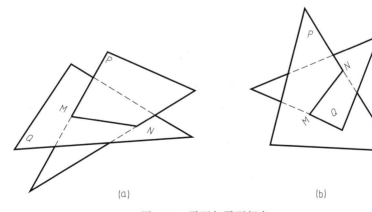

(a)　　　　　　　　　　(b)

图 3-48　平面与平面相交

在投影作图中，若给出的平面（至少一个平面）其投影具有积聚性，则利用积聚性可以直接确定交线在积聚投影面上的投影，然后根据直线的投影特性求出交线在另一个投影面上的投影。

两平面相交，则它们之间必定相互遮挡，其分界线为交线，被遮挡的部分不可见，未被遮挡的部分可见。可见的部分用实线来表示，不可见的部分用虚线来表示（见图 3-48）。

【例 3-21】 如图 3-49（a）所示，求铅垂面 P 与平面 ABC 的交线 MN。

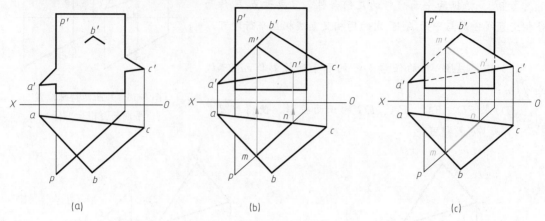

图 3-49　求铅垂面与一般面的交线

分析　因为铅垂面 P 的水平投影具有积聚性，所以平面 P 的水平投影 p 与 $\triangle abc$ 重合部分即交线的水平投影。

作图　[图 3-49（b）]

（1）在水平投影上直接找出交线 MN 的水平投影 mn；

（2）作出交线 MN 的正面投影 $m'n'$。

可见性判断　[图 3-49（c）]

根据水平投影，交线 MN 将平面 ABC 分为左右两部分，$MNCB$ 部分位于平面 P 的前方，因此正面投影 $m'n'c'b'$ 可见，另一部分 $a'm'n'$ 与 p' 重影部分不可见。

【例 3-22】 如图 3-50（a）所示，求铅垂面 P 与铅垂面 Q 的交线 MN。

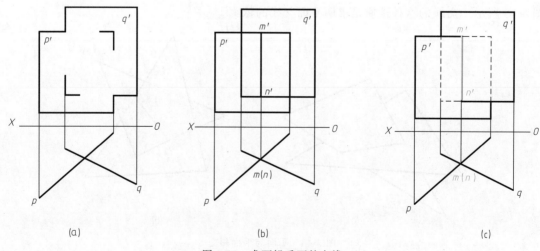

图 3-50　求两铅垂面的交线

分析　因为平面 P 和平面 Q 的水平投影均具有积聚性，所以两个平面水平投影的交点即为交线的水平投影。

作图　[图 3-50 (b)]

（1）在水平投影上直接找出交线的水平投影 $m(n)$，交线 $m(n)$ 为铅垂线；

（2）过 $m(n)$ 作 OX 轴垂线，垂线与平面 P、Q 正面投影重合的部分，即交线的正面投影 $m'n'$。

可见性判断　[图 3-50 (c)]

根据水平投影，交线 MN 将平面 P、Q 分成左右两部分，右部分平面 Q 位于平面 P 前方，在正面投影上这部分可见，左部分平面 P 在平面 Q 的前方，在正面投影上左半部分平面 P 可见，平面 Q 不可见。

1．点的两面和三面投影具有哪些投影规律？

2．已知点的两面投影，求取点第三面投影的依据是什么？

3．如何根据投影图判断两点的相对位置关系？

4．什么是重影点？如何判断重影点的可见性？

5．以水平线和铅垂线为例，分别说明投影面的平行线和垂直线的投影特性有哪些？

6．利用直角三角形法求一般的线段实长及对投影面倾角的基本原理是什么？如何作图？

7．点在直线上的几何条件是什么？如何判断点在直线上？

8．空间两条直线的相对位置关系有哪些？如何进行判断？

9．如何在投影图上进行平面的表示？

10．投影面的垂直面和平行面具有哪些投影特性？

11．点和直线在平面内的几何条件是什么？如何判断点和直线是否在平面内？

12．判断直线与平面、平面与平面相互平行的几何条件是什么？

13．直线与平面、平面与平面相交，可见性的含义是什么？如何判断其投影的可见性？

教学单元四 立体的投影

学习目标

• 知识目标

1. 掌握立体的表示方法及在立体表面上取点的方法；
2. 掌握特殊位置平面与立体相交的截交线的求法；
3. 理解两立体相交的基本概念，了解立体相交的相贯线的投影作图原理和思路；
4. 熟悉两立体相交的相贯线可见性的判别方法。

• 能力目标

1. 学会在立体表面上进行取点的方法；
2. 学会平面与立体相交的截交线的求法。

知识导图

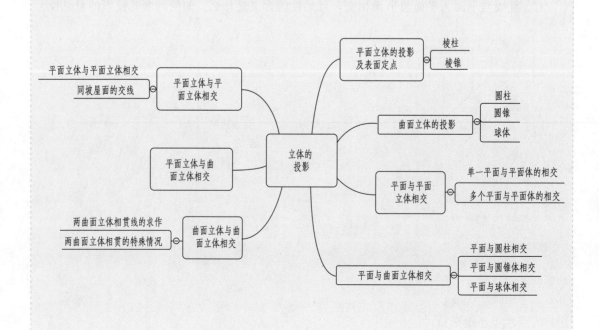

任务 4.1 平面立体的投影及表面定点

一般工程形体，无论它们的形状如何复杂，都可以看成由一些基本几何体（如锥、柱以及球等）按一定方式组合而成的。按几何体的表面性质不同，几何体可以分为平面立体和曲面立体两类。

平面立体是由若干平面围合而成的立体，常见的平面立体有棱柱、棱锥和棱台等。

4.1.1 棱柱

由两个互相平行的平面和若干个四边形（每相邻两个四边形的公共边都互相平行）共同围合而成的平面立体称为棱柱。当棱柱的侧棱与上下两底面垂直时称为正棱柱；当棱柱的侧棱与上下两底面倾斜时称为斜棱柱。

4.1.1.1 棱柱的投影

这里以正三棱柱为例，介绍棱柱的投影特征。

如图 4-1（a）所示，已知直立三棱柱的直观图，其上下两个底面是水平面（两个相等的三角形），左侧棱面是侧平面，后侧棱面和右侧棱面均为铅垂面。把围成三棱柱的五个平面分别向三个投影面进行正投影，即可得到三棱柱的三面投影图，如图 4-1（b）所示。

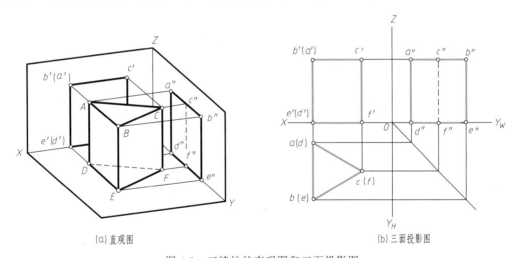

(a) 直观图　　　　　　　　　　　　　　　　(b) 三面投影图

图 4-1　三棱柱的直观图和三面投影图

三棱柱的水平投影为一个三角形，它是三棱柱上下底面的投影（上下重合，反映实形），三角形的三条边是左、右、后三个棱面的投影，具有积聚性；正面投影是一个矩形，该矩形本身为三棱柱后侧及右侧两个侧棱面的投影，左侧轮廓线 $b'(a')e'(d')$ 为左侧棱面的投影，上下两个边框线 $b'(a')c'$ 和 $e'(d')f'$ 分别为四棱柱上下两个底面的投影（积聚性）；侧面投影为一个矩形框内含两个小矩形，大矩形 $a''b''e''d''$ 本身为左侧棱面的侧面投影，具有显实性，前后两个小矩形 $a''c''f''d''$、$b''e''f''c''$ 本身代表着三棱柱后、右两个侧棱面的投影，上下两个边框 $a''c''b''$、$d''f''e''$ 分别为三棱柱上下两个底面的投影（积聚性）。

从三棱柱的三面投影图可以看出，水平投影反映棱柱的长度和宽度，正面投影反映棱柱的长度和高度，侧面投影反映棱柱的宽度和高度。因此，棱柱的水平投影和正面投影的长度相等，正面投影和侧面投影高度相等，水平投影和侧面投影宽度相等。即棱柱的三面投影，满足正投影的"三等关系"。

4.1.1.2 棱柱表面定点

棱柱表面定点，其方法与平面内取点的方法相同。但是棱柱是由若干平面连续依次围合而成的，而根据平面体放置的位置不同，在每一投影图中总会有形体的两个表面重叠在一起，一个平面为可见，一个平面为不可见。凡是位于可见平面上的点和线就是可见的，不可见平面上的点是不可见的。因此，在确定形体表面上的点时，首先要判定它们位于哪个表面上。

【例 4-1】 如图 4-2 （a） 所示，已知四棱柱表面上点 M 和点 N 的 V 面投影 m' 和 n'，求点 M 和 N 的水平投影和侧面投影。

分析 由于点 M 的正面投影 m' 可见，且位于右侧，因此点 M 在右侧前棱面内。点 N 的正面投影 n' 不可见，且位于左侧，因此点 N 在左侧后棱面内。

作图 ［图 4-2 （b）］

（1）作 M 点的 H 面投影：由 m' 向下作投影连线，交于右前侧棱面的积聚投影上，交点为 m；由 n' 向下作投影连线，交于左后侧棱面的积聚投影上，交点为 n；

（2）根据"二补三"，作出点 M 和点 N 的 W 面上的投影 m'' 和 n''。

可见性判断 点 M 侧面投影不可见，用 (m'') 表示。

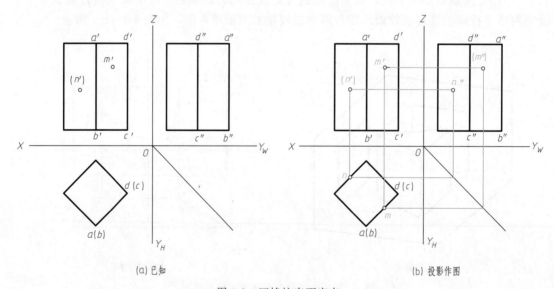

图 4-2 四棱柱表面定点

4.1.2 棱锥

4.1.2.1 棱锥的投影

棱锥为一个多面体，其中一个面是多边形，为棱锥的底面；棱锥的其余各面都是三角形，为棱锥的侧面；棱锥侧面的公共顶点，称之为棱锥的顶点。当棱锥顶点在底面的正投影是底面的中心时，为正棱锥；当棱锥顶点在底面的正投影不是底面的中心时，为斜棱锥。

同一棱锥，在三面投影体系中放置位置不同，其三面投影也不相同。为了使投影简单易懂，通常将棱锥的底面平行于某一投影面放置。

下面，以正四棱锥为例，分析棱锥三面投影的形成过程。

【例 4-2】　求作正四棱锥的三面投影。

分析　图 4-3（a）为正四棱锥的三面投影的直观图，从图中可以看出：底面为水平面，左右两侧棱面为正垂面，前后两侧棱面为侧垂面。根据形体的空间位置，可以看出三棱锥在水平面上正四棱锥的投影为四个三角形围成的矩形，如图 4-3（b）所示。矩形外框是四棱锥底面的投影，反映实形；矩形中心为四棱锥顶点的投影 s，它与矩形四个角点的连线为四棱锥四条棱线的投影；四个三角形是四棱锥四个侧面的投影。

在正立投影面上，正四棱锥的投影为一个等腰三角形线框，三角形的底边为四棱锥底面的积聚投影，两条腰为左右两侧棱面的积聚投影，三角形本身为前后两个棱面的投影。

在侧立投影面上，正四棱锥的投影也为等腰三角形线框，底边为四棱锥底面的积聚投影，两腰为前后两个棱面的积聚投影，三角形本身为四棱锥左右两个棱面的投影。

作图　［图 4-3（b）］

（1）在 H 面投影中作矩形 $abcd$ 为底的实形，连对角线 ac 和 bd，两线交点 s 为锥顶的 H 面投影；

（2）作 V 面投影：根据分析，四棱锥下底面的正面投影积聚为平行于 OX 轴的直线。作四棱锥下底面 $ABCD$ 的正面投影 $b'(a')c'(d')=ad=bc$，由点 s 向上做垂线，与 $b'(a')c'(d')$ 相交于 k' 并且向上延长，在延长线上取 $s'k'=SK$（四棱锥的高），连 $s'b'$ 和 $s'c'$，则 $\triangle s'b'c'$ 为四棱锥的 V 面投影；

（3）利用正投影规律，求出各点的 W 面投影，然后连接各投影点，即可作出四棱锥的 W 面投影 $\triangle s''a''b''$。

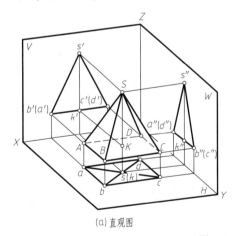
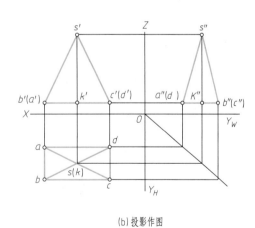

(a)直观图　　　　　　　　　　(b)投影作图

图 4-3　四棱锥的正投影

4.1.2.2　棱锥表面定点

在棱锥体表面定点，与前面学习的平面内求作点的投影原理相同。

【例 4-3】　如图 4-4（a）所示，已知三棱锥表面上点 K 的 V 面投影 k'，求点 K 的水平投影和侧面投影。

分析　由已知条件所知，点 K 落在棱锥左边棱面上，根据正投影的基本特征，点 K 位

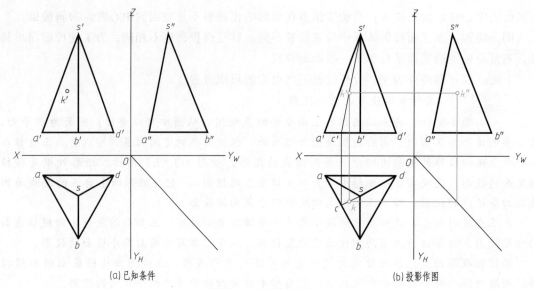

图 4-4　三棱锥表面定点

于平面 SAB 内的一条直线上，因此，可以利用点在直线上的几何条件求得点在其它两个投影面上的投影。

作图　[图 4-4（b）]

（1）在 V 面的 $\triangle s'a'b'$ 上，过 k' 作辅助线 $s'k'$，延长与 $a'b'$ 交于 c'；

（2）根据点的投影特征，由 c' 求得点的水平投影 c，连接 sc；

（3）过 k' 向下作垂线与 sc 交于 k；

（4）根据"二补三"，作出 W 面的投影 k''。

可见性判断

由图 4-4 可见，点 K 位于棱锥的左前棱面上，因此，点 K 三面投影均可见。

通过上述学习，可以总结出以下四点：

（1）求平面立体的投影，实质上是求点、直线和平面的投影；

（2）投影图中的线段可以表示棱线的投影，也可以表示平面的积聚投影；

（3）投影图中的线框代表的是一个平面；

（4）当向投影面作投影时，凡是看得见的线条用实线表示，看不见的用虚线表示，当实线与虚线重合时，仍用实线表示。

任务 4.2　曲面立体的投影

如图 4-5 所示，曲面立体是由曲面或曲面和平面围成的立体。常见的曲面立体有圆柱、圆锥和球体。

4.2.1　圆柱

如图 4-5 所示，圆柱是一矩形 $A_1A_2O_2O_1$ 以其一条边 O_1O_2 为轴旋转一周，所形成的回转体。其中 O_1O_2 称为圆柱的轴，形成圆柱面的边 A_1A_2 称为母线。A_1A_2 在旋转过程中位于圆柱面上任一位置时称为圆柱面的素线。因此，也可以说圆柱面是由无数条素线沿圆柱面依次排列构成。边 O_1A_1 和 O_2A_2 沿圆柱轴线旋转，分别形成两个互相平行的水平圆面，称为该圆柱的上底面和下底面。圆柱的轴线与底面垂直的称为正圆柱，轴线与底面倾斜的称为斜圆柱。

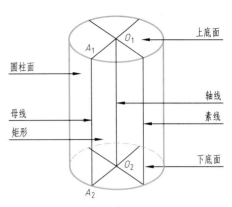

图 4-5　圆柱体的概念及形成

4.2.1.1　圆柱的投影

如图 4-6 所示为一轴线垂直于 H 面的直立圆柱，以此为例，来分析圆柱的三面投影特征。

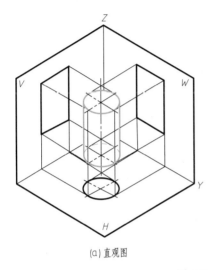

(a) 直观图

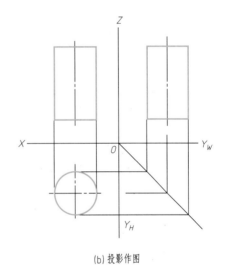

(b) 投影作图

图 4-6　圆柱体的三面投影

由于圆柱的上下两底面为两个全等的水平圆，故上下两个底面在水平面（H 面）上的投影反映上下底面的实际形状，并相互重合；圆柱面垂直于水平面（H 面），其 H 面投影积聚在正圆圆周上。圆柱正面（V 面）的投影为一个矩形线框，线框的上下两条线为圆柱上下两个底面的积聚投影，左右两条线为圆柱的最左、最右素线的投影，前后两条素线的投影与圆柱的轴线重合，矩形本身为圆柱面的投影。

侧立面（W 面）投影中，圆柱的投影为一个矩形框，上下两个边框为圆柱上下两个底面的积聚投影，左右两个边框为圆柱的最后、最前素线的投影，左右两条素线与圆柱的轴线重合，矩形本身为圆柱面的投影。

因此，直立圆柱的三面投影为：水平面的投影是一个圆，另外两个投影面的投影均为矩形，且大小相等，满足三等关系。

绘制圆柱的三面投影时，首先画反映底面实形的特征投影图，然后根据投影关系和柱高画出其他两面投影。

4.2.1.2　圆柱表面定点

由于圆柱面垂直于圆柱的上、下底面，因此圆柱面上点的投影的求作可利用圆柱面的积聚投影进行求作。求作圆柱面上的点的投影时，首先对圆柱以及圆柱面上的点进行空间分析；然后确定点的三面投影位置；最后判定其可见性。

【例 4-4】 如图 4-7 所示，已知圆柱表面点 K 的 V 面投影 k'，求其水平投影和侧面投影。

分析 点 K 在 V 面上投影 k' 可见，且位于轴线右侧，说明点 K 位于圆柱的右前方，由于点 K 所在的圆柱面垂直于 H 面，因此，点 K 的 H 面投影积聚在底面的前面圆周上，再根据正投影特征求出 W 面上投影，最后判定可见性。

作图

(1) 作 H 面投影：过点 k' 向下作垂线，交 H 面的积聚性圆于 k，k 即为 K 点的 H 面投影；

(2) 根据"二补三"法求得 W 面上的投影 k''。

可见性判断

根据前面分析可知，点 K 位于圆柱体右前部某一条素线的中间位置，因此，点 K 的 H 面投影 k 可见，W 面投影 k'' 不可见，加上括号表示不可见。

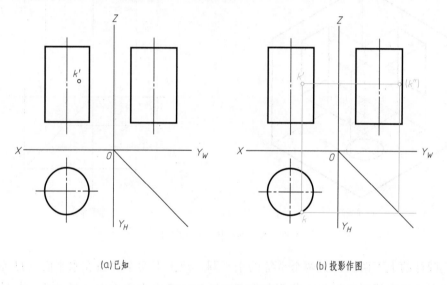

(a)已知　　　　　　　　　　　(b)投影作图

图 4-7　圆柱表面定点

以上为圆柱表面定点的求作方法。圆柱表面线一般为曲线，在求作圆柱体表面曲线的投影时，其投影的求作以圆柱定点为基础，首先求作曲线两端点和控制点的投影；然后以平滑的曲线连接其同名投影；最后判别可见性（不可见线用虚线表示），即可得到圆柱表面线的三面投影。

4.2.2 圆锥

如图 4-8 所示，圆锥是以 $\triangle SAO$ 的一条边 SO 为轴线，旋转一周形成的回转体。其中，SO 称为圆锥的轴，形成圆锥面的斜边 SA 称为母线。SA 在圆锥面上位于任一位置时称为圆锥面的素线，因此，也可以说圆锥面是由无数条素线沿圆锥面依次排列构成。$\triangle SAO$ 的另一条直角边 AO 旋转形成的圆面，称为圆锥的底面。圆锥的轴线与底面垂直的称为正圆锥，轴线与底面倾斜的称为斜圆锥。

4.2.2.1 圆锥的投影

如图 4-9（a）所示为直立的圆锥体，现以该圆锥为例，分析直立圆锥三面投影的形成过程。

如图 4-9（b）所示，在水平投影中，圆锥体的投影为一个圆，是图 4-9（a）圆锥面和圆锥底面的重合投影，反映底面的真实大小，圆的半径等于圆锥底面圆的半径。圆心是圆锥轴线的积聚投影，锥顶的投影落在圆心上。

在正面投影中，圆锥的投影为一个等腰三角形，三角形的底边为圆锥底面的积聚投影，两腰为圆锥体的最左、最右素线的投影，最前、最后素线与轴线重合，三角形本身为圆锥面的投影。

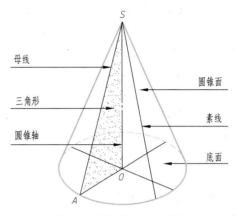

图 4-8　圆锥的概念及形成

在侧面投影中，圆锥的投影仍然为一个等腰三角形线框，三角形的底边为圆锥底面的积聚投影，两腰为圆锥体的最前、最后素线的投影，最左、最右素线与轴线重合，三角形本身为圆锥面的投影。

因此，圆锥的三面投影特征为：一个面的投影是圆；另两个面的投影是三角形，且全等。绘制圆锥体的三面投影时，先画反映底面实形的特征投影图，然后根据投影关系和柱高画出其他两面投影。

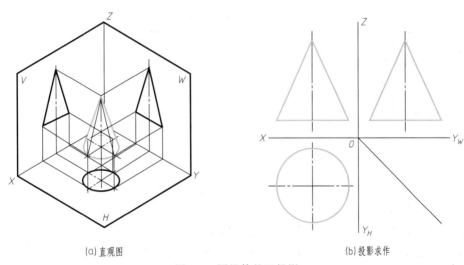

(a)直观图　　　　　　　　　　(b)投影求作

图 4-9　圆锥体的正投影

4.2.2.2 圆锥表面定点

圆锥表面定点常用的方法有素线法和纬圆法。

方法一：素线法

图 4-10 中，求圆锥面上点 A 的三面投影，过点 A 作圆锥体的一条素线，借助素线将圆锥表面上的点转换为直线上的点，根据点在直线上的几何条件求作其三面投影，这种方法即为素线法。

【例 4-5】　如图 4-11（a）所示，已知圆锥体表面点 M 的 V 面投影 m' 和点 N 的 H 面

投影 n，采用素线法求点 M、N 在另外两个投影面上的投影。

分析　点 M 在 V 面上投影 m' 可见，且位于轴线右侧，说明点 M 位于圆锥面的右前方，点 N 在 H 面的投影可见，并位于圆锥的左后方。运用素线法求作点 M、N 的其余两面投影。

作图　[图 4-11（b）]

（1）作 H 面投影。过点 m' 作圆锥体素线 $s'1'$，并求出素线的 H 面投影 $s1$，过点 m' 向下作 H 面的投影 m；

（2）根据"二补三"，求作 M 点的 W 面投影。

可见性判定

根据点 M 在圆锥体上的空间位置可知，点 M 在 H 面的投影可见，W 面上的投影不可见，加上括号。

同理可求出点 N 的 V 面和 W 面投影。

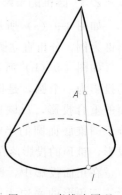

图 4-10　素线法原理

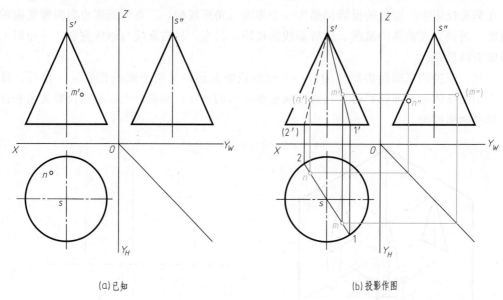

(a)已知　　　　　　　　　　(b)投影作图

图 4-11　圆锥表面定点（素线法）

方法二：纬圆法

圆锥除了可以看作是由无数条素线排列而成的，还可以看作是从锥顶到锥底由无数个大小不同的与圆锥底面平行的水平纬圆组成的。如图 4-12 所示，圆锥面上有一点 B，要求点 B 的三面投影，过点 B 作一水平纬圆，即可将圆锥体表面点转换为纬圆上的点来求作其三面投影，这种方法称为纬圆法。

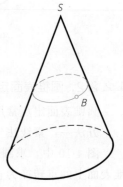

图 4-12　纬圆法原理

【例 4-6】　如图 4-13（a）所示，已知圆锥体面上曲线 EFG 的 V 面投影 $e'f'g'$，用纬圆法作出其余两面投影。

分析　根据 V 面 $e'f'g'$ 投影可见，曲线 EFG 位于圆锥体前侧表面上，以 F 点为界，EF 段位于前左侧，FG 段位于前右侧；因此曲线 EFG 在 H 面上投影全部可见，在 W 面上 EF 段可见，FG 段不可见。求作棱锥表面线的投影，先求 E、F、G 三点的投影，运用纬圆法进行求作。

作图 ［图 4-13（b）］

（1）求特殊点 F 的三面投影：点 F 位于圆锥体前面的一条母线上，根据正投影原理，由 f' 向右作水平线与 W 面投影最右边母线相交，求得 W 面的投影 f''，然后由 f' 和 f'' 求得 H 面的投影 f。

（2）求一般位置点 E、G 两点的投影：过点 e' 作纬圆的 V 面投影，然后作出该纬圆的 H 面投影，由 e' 向下作垂线与纬圆交于点 e，即得到了点 E 的 H 面投影；根据正投影基本原理，由 e'、e 求得 e''，同理依次作出点 G 的 H 面和 W 面投影。

（3）用光滑曲线依次连 e、f、g 三点，得曲线 EFG 在 H 面上投影；用光滑曲线依次连 e''、f''、g'' 得曲线 $e''f''g''$，其中 $f''g''$ 不可见，画为虚线，g'' 加上括号，即得到曲线 EFG 在 W 面上的投影。

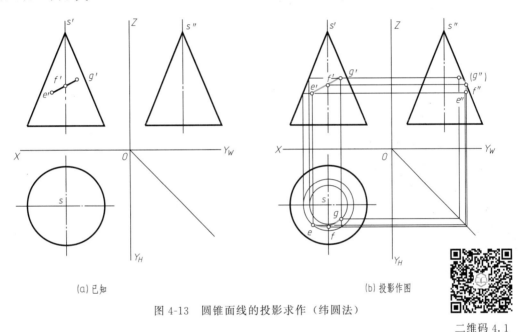

(a) 已知　　　　　　　　　　　　　　　　(b) 投影作图

图 4-13　圆锥面线的投影求作（纬圆法）

二维码 4.1

4.2.3　球体

如图 4-14 所示，球体是一平面圆 O 以其本身的直径 AB 为轴旋转半周形成的曲面体。其表面称为球面，平面圆 O 的圆周称为球体的母线，母线圆上各点的运动轨迹均为水平圆为球面上的纬圆。

4.2.3.1　球体的投影

如图 4-15 所示，球体在三面投影体系中，其三面投影均为三个大小相等的圆，圆的直径等于球体的直径，三个投影面上的圆周实际上为球体三个不同方向的与投影面平行的最大纬圆的投影，此三个轮廓

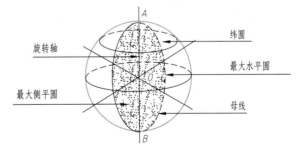

图 4-14　球体的概念及形成

纬圆是球体表面不同方向的三个最大圆，分别称之为主子午线、赤道圆和侧子午线。

因此，作图时先确定球心的三面投影，再分别在三个投影面上作出与球体直径相等的圆。

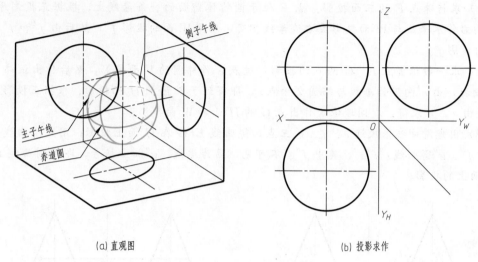

(a) 直观图　　　　　　　　　　　　(b) 投影求作

图 4-15　球体的三面投影求作

4.2.3.2　球体表面定点

【例 4-7】　如图 4-16（a）所示，已知球体表面点 M 的 V 投影 m' 和点 N 的 H 面投影 n，试求点 M 和点 N 的其余两面投影。

分析　球体表面点的三面投影求作通常采用辅助圆（纬圆法）进行求作。首先对点的已知投影分析，点 M 的 V 投影 m' 可见，且位于球面的左上方，由此可知，空间点 M 在球面的左前上方；点 N 的 H 面投影在球面的右后方，且不可见，因此可知空间点 N 在球面的右后下方。

作图　［图 4-16（b）］

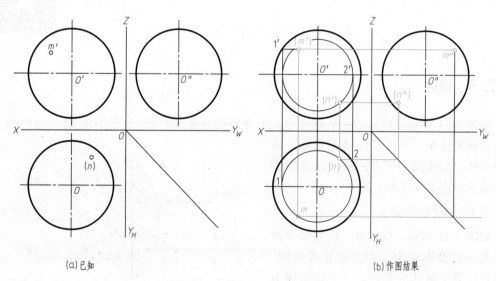

(a) 已知　　　　　　　　　　　　(b) 作图结果

图 4-16　球体表面点的投影求作

（1）求作 M 点的三面投影。首先，过点 m' 作水平纬圆的 V 面投影（V 面投影积聚为一条与 OX 轴平行的线段），与圆周交于点 $1'$，过点 $1'$ 向下作垂线，在 H 面与圆的直径相交于点 1，

以点 O 为圆心，$O1$ 为半径画圆，得水平纬圆在 H 面上的投影。然后过 m' 向下作垂线与纬圆相交前面的交点为点 M 在 H 面上的投影 m。最后根据正投影特征求出点 M 的 W 面投影 m''。

（2）首先过点 N 在 H 投影面上作正平纬圆（该纬圆在 H 面上的投影积聚为一条平行于 OX 轴的直线），再作出该正平纬圆的正面投影，根据点在线上的几何条件，求得点 N 的正面投影 n'。最后，根据"二补三"求得点 N 的第三面投影 n''。

球体表面线的投影求作，一般先求线上点的投影，然后用圆滑的曲线连接其同名投影，并判定其可见性即可。读者可自行学习。

通过曲面立体部分的学习，可以总结出以下三点：

（1）在圆柱表面进行定点，直接利用圆柱的积聚投影作图；

（2）在圆锥表面进行定点，可以采用素线法或者纬圆法；

（3）在球体表面进行定点，一般采用纬圆法进行作图。

任务 4.3　平面与平面立体相交

平面与平面立体相交，实际为一平面截切立体（图 4-17）。平面与平面立体相交或截切时产生的交线称为平面立体的截交线；在平面与平面立体相交或截切过程中，该平面称为截平面；平面立体被截平面截切后形成的立体称为截切体；由截交线围成的截面图形称为截面或断面。

平面与平面立体相交，有以下几何特征。

（1）平面与平面立体相交，其截交线是首尾相连的闭合平面图线。

（2）截交线是由截平面和平面立体表面上的共有点集合而成，各点既在截平面上，也在平面体表面上。

（3）截面（断面）通常由一个或多个组成，当截平面与平面立体单次截切，产生的截面（断面）为一个；当截平面与平面立体多次截切，产生的截面（断面）由多个组成。

（4）截面（断面）相对投影面的位置一般有平行、垂直或倾斜三类情况。

研究平面与平面立体相交的几何特征，实际上即为求作其截交线。通常采用线面交点法绘制平面立体的截交线。先求平面立体上参与相交的各个棱线与截平面的交点，然后，将位于同一个棱面上的交点依次相连，即完成了平面截交线的求作［图 4-18（a）］。具体到三面投影图时，先作出各个交点的三面投影，然后，将各个交点的同面投影依次相连，即可完成平面截交线的三面投影的求作［图 4-18（b）］。

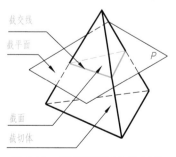

图 4-17　平面与平面立体相交

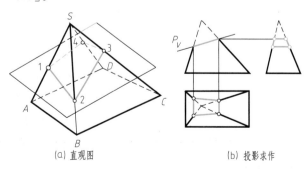

（a）直观图　　　　　　（b）投影求作

图 4-18　线面交点法求作截交线

4.3.1 单一平面与平面体的相交

单一平面与平面体相交时，截面（断面）为一个平面多边形。

【例 4-8】 如图 4-19（a）、（b）所示，求三棱锥被正垂面 P 截切后的三面投影。

分析 求截切体投影，先求截交线的投影。这里运用线面交点法求作。截平面与棱锥相交后形成的截交线为封闭的三角形。从 V 面投影可知，截平面垂直于 V 面，截交线在 V 面上积聚为一条直线，在 H 面和 W 面的投影上均为缩小的类似三角形。

二维码 4.2

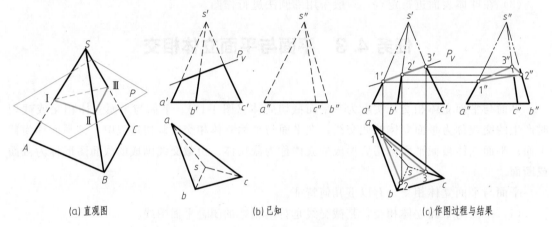

(a) 直观图　　　　　　(b) 已知　　　　　　(c) 作图过程与结果

图 4-19　单一平面与三棱锥截切

作图　［图 4-19（c）］

（1）从 V 面上取截交线的三个顶点 $1'$、$2'$、$3'$，根据点的三面投影特征以及线上取点的方法分别求得Ⅰ、Ⅱ和Ⅲ三点的 H 面投影 1、2、3 和 W 面投影 $1''$、$2''$、$3''$；

（2）连接棱面上的交线并进行可见性判断：由于三棱锥上半部分被截切，点Ⅰ、Ⅱ、Ⅲ均为最高点，截交线的 H、W 面投影均可见；

（3）擦除多余线，将不可见线画成虚线。

【例 4-9】 如图 4-20（a）、（b）所示，求五棱柱被正垂面 P 截切后的三面投影。

分析 求截切体的投影先求截交线的投影。由于棱柱面在 H 面上积聚性为五边形，也就是说所有在棱柱面上的点和线在 H 面上的投影都积聚在这个五边形线框上。P 为正垂面，因此，平面 P 与五棱柱的交点在 H 面上的投影分别为 a、b、c、d、e 五个点。

作图

（1）根据"二补三"，求出五棱柱的 W 面投影；

（2）求截交线的 H 面投影：A、B、E 三点位于棱柱的棱线上，因此，H 面上的投影 a、b、e 也积聚在棱线的投影上；C、D 两点在棱柱的上底面的边线上，其 H 面投影也应在上底面边线的 H 面投影上，最后将 H 面的 a、b、c、d、e 五点首尾相连，即得到了截交线的 H 面投影；

（3）求截交线的 W 面投影。根据"二补三"，求出 a''、b''、c''、d''、e''，然后将五点首

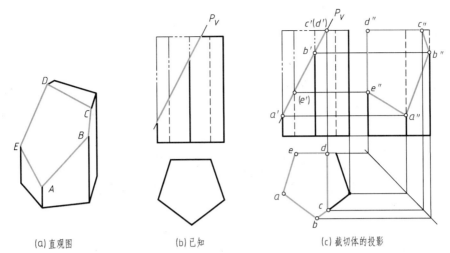

(a)直观图   (b)已知   (c)截切体的投影

图 4-20　单一平面与五棱柱截切

尾相连，即得到了截交线的 W 面投影；

(4) 求截切体的投影。根据正投影特征，检查三面投影是否有漏线和多线，将多余的线擦除，将漏掉的线补全。最后判断截切体的可见性，根据空间图分析，棱柱的右侧棱线在 W 面投影上不可见，用虚线补全。

4.3.2　多个平面与平面体的相交

一般地，当多个平面与平面立体相交时，有几个截平面，就会相应产生几个截面（断面）。

当平面立体被多个截平面截切时，首先分析各截平面之间的空间位置关系（平行、垂直或相交）。然后分析截切过程，分析截切过程的思路不是唯一的，如图 4-21 中的平面体，可看作是梯形棱柱被侧垂面截切，也可看作是五棱柱被正垂面截切。分析思路不同，截切体求作步骤也不同。并且，分析平面立体被平面多次截切时，应把前一次截切的形状作为后一次截切的基础，分析时尽量减少截切次数，有利于简化投影求作。

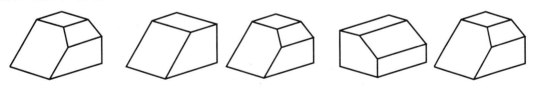

(a) 平面体   (b) 梯形棱柱被侧垂面截切   (c) 五棱柱被正垂面截切

图 4-21　平面体截切思路分析

【例 4-10】　如图 4-22 (a) 所示，求该平面体的左视图（W 面投影）

分析　由平面体的 H 面和 V 面投影可知，该平面体可看作是由四棱柱首先被铅垂面截切得到六棱柱，六棱柱再被正垂面截切所得 ［图 4-22 (b)］。根据这个思路，利用正投影"长对正，宽相等，高平齐"的基本原理作截切体的 W 面投影。

作图　［图 4-22 (c)］

(1) 作出四棱柱的 W 面投影；

(2) 作出四棱柱被铅垂面截切后的六棱柱 W 面投影；

（3）作出正垂面的投影；

（4）擦除多余线，整理轮廓线，即可得到该平面体的左视图（W 面投影）。

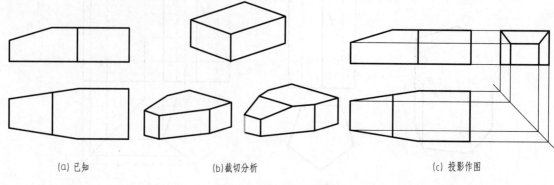

| (a) 已知 | (b) 截切分析 | (c) 投影作图 |

图 4-22　平面体多次截切

【例 4-11】　如图 4-23（a）所示，求带切口的正四棱台的三面投影。

分析　由直观图可知，正四棱台中间的切槽是由两个侧平面和一个水平面切割而成；平面 I 为侧平面，与前、后棱面的交线为等腰梯形的两腰；平面 II 为水平面，与各棱面的交线为一矩形。

作图

（1）作基本体正四棱台的三面投影。

（2）作切口的 V 面投影：从前往后看，两个侧平面 I 和水平面 II 在 V 面均积聚为直线，因此，先作出切口 V 面的投影。

（3）根据正投影特征，补画出切槽的侧面投影：侧面投影中，切口的两个侧平面 I 反映实形，上边线和左右边线与棱台边线投影重合，下边线投影不可见，以虚线表示；水平面 II 在侧立投影面上积聚为一条直线，且不可见，其积聚投影与侧平面的下边线重合。

（4）补画切槽的 H 面投影：H 面投影中，水平面 II 反映实形，根据正投影的基本原理 $Y_H = Y_W$，先作出水平面 II 的投影；两个侧平面 I 在 H 面投影中均积聚为直线，其投影与水平面的两条边线投影重合。

（5）擦去被切割掉的轮廓线，就得到了带切口的正四棱台的三面投影 ［图 4-23（b）］。

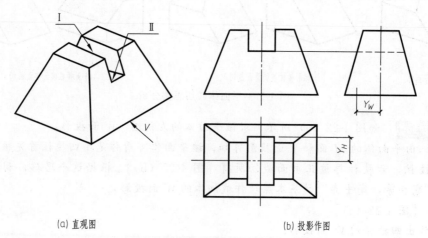

| (a) 直观图 | (b) 投影作图 |

图 4-23　带切口的正四棱台的三面投影求作

任务 4.4　平面与曲面立体相交

平面与曲面立体相交，具有以下几何特征：

（1）截交线是首尾相连的闭合曲线；

（2）截交线是由截平面和曲面立体表面上的共有点集合而成，各点既在截平面上，也在曲面体表面上；

（3）截面（断面）通常由一个或多个组成；

（4）截面（断面）相对投影面的位置一般有平行、垂直或倾斜三类情况。

平面与曲面立体相交，截交线形状取决于曲面体表面的性质和截平面与曲面体的相对位置。由于截交线各点既在截平面上，也在曲面体表面上（公共点），因此，求平面与曲面立体相交的截交线的投影，先求作各公共点，在诸多公共点中，一般应首先求出截交线上的特殊点（最高、最低、最左、最右、最前、最后位置的点，以及最外轮廓线上的点），再根据作图需要补充一般位置点。然后用光滑曲线依次连接各点的同面投影，即得到平面与曲面立体的截交线。求公共点的基本方法有素线法、纬圆法和辅助平面法。

4.4.1　平面与圆柱相交

截平面与圆柱截切时，当截平面平行于圆柱轴线，截交线为一垂直于上下底面的矩形 [图 4-24（a）]；当截平面垂直于圆柱轴线，截交线为一纬圆 [图 4-24（b）]；当截平面倾斜于圆柱体轴线时，且不经过上下底面时，截交线为一椭圆 [图 4-24（c）]。

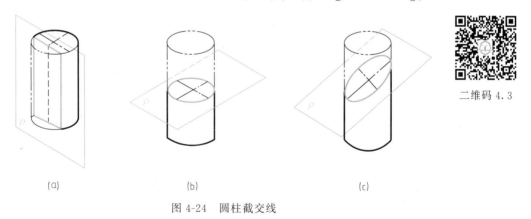

二维码 4.3

（a）　　　　　　　　（b）　　　　　　　　（c）

图 4-24　圆柱截交线

【例 4-12】　如图 4-25（a）、（b）所示，圆柱体被正垂面截切，求作 W 面投影。

分析　圆柱的轴线与 H 面垂直，截平面 P 与 V 面垂直，且截平面与圆柱体轴线倾斜相交，故截交线为椭圆。

作图　[图 4-25（c）]

（1）根据"二补三"，作出完整圆柱体的 W 面投影。

（2）求特殊位置点的三面投影：首先找出圆柱体最左、最右、最前和最后素线与截平面在 V 面的投影 $1'$、$2'$、$3'$、$4'$，然后求出 H 面投影 1、2、3、4 以及 W 面投影 $1''$、$2''$、$3''$、$4''$。

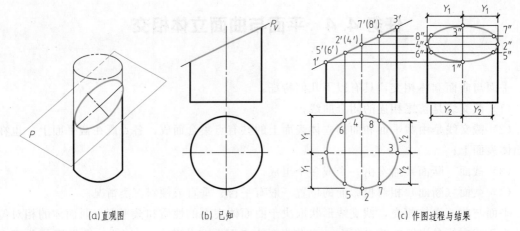

(a)直观图　　　　(b)已知　　　　(c)作图过程与结果

图 4-25　单一平面截切圆柱的投影求作

（3）求一般点的三面投影：为能准确连接截交线的投影，在 V 面投影中确定四条一般位置线与 P 面的交点 $5'$、$6'$、$7'$、$8'$；并求出其 H 面投影 5、6、7、8 以及 W 面投影 $5''$、$6''$、$7''$、$8''$。

（4）在 W 面投影上依次光滑连接点 $1''$、$5''$、$2''$、$7''$、$3''$、$8''$、$4''$、$6''$，即得到截交线的 W 面投影。

（5）求截切体的投影：将截交线的投影进行整理并加深轮廓线就得到了截切体的投影。

【例 4-13】　如图 4-26（a）、（b）所示，已知开槽圆柱的 V 面投影，求其水平面和侧面投影。

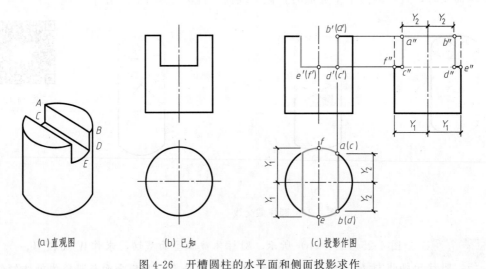

(a)直观图　　　　(b)已知　　　　(c)投影作图

图 4-26　开槽圆柱的水平面和侧面投影求作

分析　根据空间形体和题意分析，其实质是圆柱体被平面多次截切，求截切体的 H 面、W 面投影。如图 4-26（a）所示，开槽圆柱是由与圆柱轴线平行的两个侧平面和与圆柱轴线垂直的一个水平面截切而成。在 V 面投影中，两个侧平面与圆柱面相交所得截交线是两条与 OZ 轴平行的直线；在 H 面投影中，两个侧平面与圆柱面相交所得截交线是两条与 OY 轴平行的直线，水平面反映圆弧实形；在 W 面投影中，两个侧平面反映实形，水平面积聚为一条直线。

作图 ［图 4-26（c）］

（1）根据"二补三"，作出圆柱体的完整侧面投影；

（2）作特殊点的三面投影：根据点的三面投影原理，在 V 面找出 a'、c'、b'、d'、e'、f'、H 面上作出 a、c、b、d、e、f；进而在 W 面上作出 a''、c''、b''、d''、e''、f''；

（3）作截切体的投影：根据正投影"长对正，宽相等，高平齐"的基本原理，并连接特殊点，判别可见性，将截交线的投影进行整理并加深轮廓线。即完成了开槽圆柱的水平面和侧面投影求作。

4.4.2 平面与圆锥体相交

截平面与圆锥体截切时，当截平面垂直于圆锥轴线，截交线为一小于圆锥底面的纬圆 ［图 4-27（a）］；当截平面倾斜于圆锥轴线，且不经过底面时，截交线为一椭圆 ［图 4-27（b）］；当截平面平行于圆锥一条素线时，截交线由一条抛物线和一条直线段围成 ［图 4-27（c）］；当截平面平行于圆锥轴线时，截交线由一条双曲线和一条直线段围成 ［图 4-27（d）］；当截平面经过锥顶时，截交线为一等腰三角形 ［图 4-27（e）］。

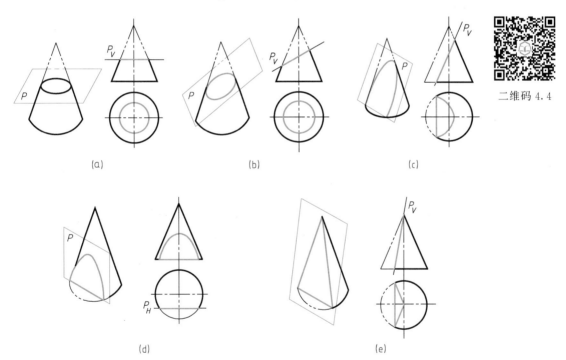

二维码 4.4

图 4-27 圆锥截交线

【例 4-14】 如图 4-28（a）、（b）所示，求被截切后圆锥体的三面投影。

分析 从 H 面投影可知：截平面为铅垂面，截平面与圆锥的轴线相互平行，因此截交线由一条双曲线和一条直线段围成；截交线的水平投影积聚为一条直线，正面投影和侧面投影均由一条双曲线和一条直线段组成。

作图 ［图 4-28（c）］

（1）求特殊位置点的投影：先求双曲线顶点 A 的三面投影，根据截交线 H 面投影可确定点 A 的 H 面投影位置 a，运用纬圆法求出点 A 的 V 面投影 a'，再求出 a''；然后求双曲线两端点 B、C 的投影，首先找到 H 面投影 b、c，分别向上作垂线，与棱锥底面的 V 面投影相交，即得到 b'、c'，再求 b''、c''。

（2）求一般位置点的投影：取截交线上 $Ⅰ$、$Ⅱ$ 两点，为使作图简便，取与特殊棱线相交的点，$Ⅰ$、$Ⅱ$ 两点在 H 面上的投影为 1、2，根据棱锥表面点的投影性质，$Ⅰ$ 点在 V 面上的投影则为 $1'$，$Ⅱ$ 点在 W 面上投影为 $2''$，再求出 $1''$ 和 $2'$。

（3）连点并判别可见性：求出 A、B、C、$Ⅰ$ 和 $Ⅱ$ 5 个点的三面投影后，分别在 V 面和 W 面用光滑曲线依次连接各点，即得到截交线的 V 面和 W 面投影。由分析可知 V 面投影和 W 面投影均可见，用实线连接。

（4）整理并加深轮廓线求得截切体的投影，即得到被截割后圆锥体的三面投影。

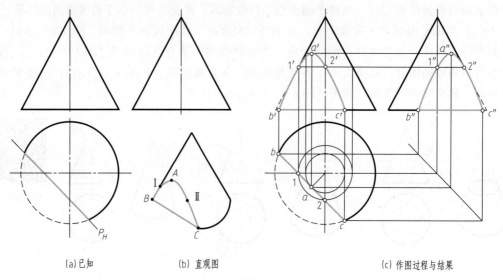

(a) 已知　　　　　(b) 直观图　　　　　(c) 作图过程与结果

图 4-28　被截切圆锥体的三面投影求作

【例 4-15】　如图 4-29（a）、（b）所示，求被截切后圆锥体的三面投影。

分析　由图 4-29（a）可知，截平面 P 为正垂面，且与圆锥的轴线相互倾斜，因此，截交线的形状为椭圆。

V 面投影中，截平面 P 与圆锥最左、最右的素线交点的连线为椭圆的长轴，椭圆的短轴必过其中点，且积聚为一点。

作图　[图 4-29（c）]

（1）求特殊点，即椭圆长轴、短轴的端点投影。

第一步：求椭圆长轴端点的投影。在 V 面投影中，找到 P_V 面与圆锥最左、最右素线的交点的投影 a' 和 b'，分别向下作垂线，利用纬圆法求出 H 面的投影 a 和 b；根据点的投影特征，求得 W 面的投影 a'' 和 b''。

第二步：求短轴端点的投影。在 V 面投影中找到线段 $a'b'$ 的中点，即为短轴端点在 V 面的积聚投影 $c'(d')$；运用纬圆法求出端点在 H 面的投影 c 和 d，再求出其 W 面的投影 c'' 和 d''。

（2）求一般点的投影　为了比较精确的画出椭圆的投影，在求出椭圆的长轴和短轴的四个端点的投影后，至少还需求出 4 个一般位置点。求椭圆一般位置点的投影时，为作图简便，尽量

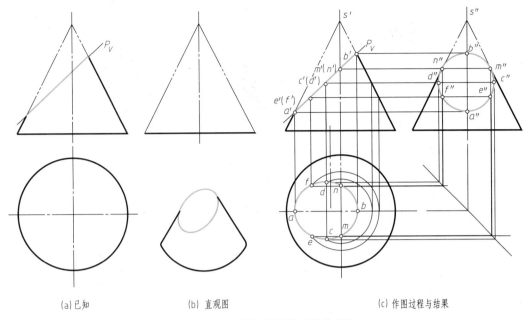

(a) 已知　　　　　　(b) 直观图　　　　　　(c) 作图过程与结果

图 4-29　被截切圆锥体的投影求作

利用图中特殊位置点。从 V 面投影找到截平面与圆锥最前和最后两条素线交点的积聚投影 m' (n')，求出其 W 面的投影 m'' 和 n''，再求出 H 面的投影 m 和 n。最后，再求一个一般位置点：在 V 面投影适当位置取重影点 $e'(f')$，用纬圆法求其 H 面投影 e 和 f 和 W 面投影 e'' 和 f''。

（3）连点并判别可见性　在 H 面投影和 V 面投影中依次用光滑的曲线连接各点的投影，即得到了椭圆的 H 面和 W 面投影。由分析可知 H 面投影和 W 面投影均可见，用实线连接即可。

（4）整理并加深轮廓线　即得到被截割后圆锥体的三面投影。

4.4.3　平面与球体相交

截平面与球体截切时，截交线一定是圆，截平面离球心愈近，截交圆的直径愈大。由于截平面对三个投影面的相对位置不同，截交线在三个投影面的投影不同。以截平面 P 与 V 面之间的位置关系为例，当截平面 P 与投影面 V 平行时，截交线在 V 面上投影为反映实形的圆 [图 4-30 （a）]；当截平面 P 与投影面 V 垂直、与 H 面平行时，截交线在 V 面上投影积聚为平行于 OX 轴的直线段 [图 4-30 （b）]；当截平面 P 与投影面 V 倾斜、与 H 面倾斜时，截交线在 V 面上投影积聚为倾斜于投影轴的直线段，在 H 面上投影为椭圆 [图 4-30 （c）]。求作球体截交线三面投影时，常常采用纬圆法进行求作。

【例 4-16】　如图 4-31 （a）所示，求被截切后球体剩余部分的三面投影。

分析　由图 4-31 （a）可知，截平面为正垂面，因此，截交线在 V 面的投影积聚为一条直线段，在 H 面和 W 面的投影为椭圆。V 面的积聚投影（线段）的两个端点和中点分别为截交线在 H 面和 W 面上椭圆的长、短轴的四个端点。求出椭圆的长、短轴的端点后，再选取线段一般位置点，运用纬圆法求出其 H 面和 W 面的投影，最后在同名投影中用圆滑曲线连接各点，即可在两个投影面上分别画出椭圆。

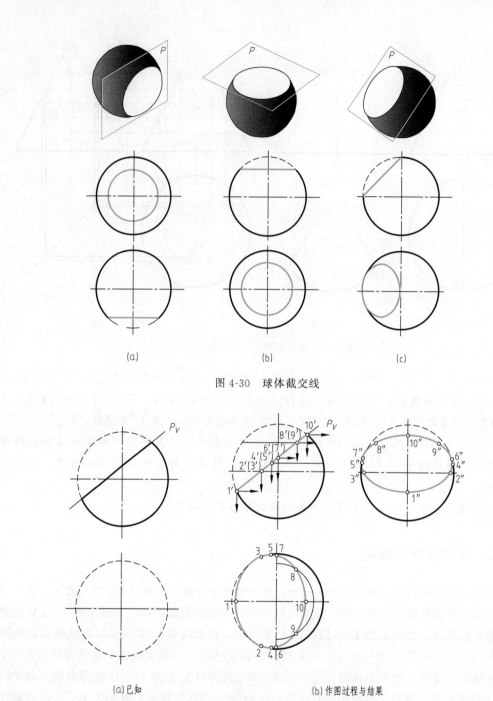

图 4-30　球体截交线

(a)

(b)

(c)

(a) 已知

(b) 作图过程与结果

图 4-31　平面截切球体的投影求作

作图　[图 4-31 (b)]

(1) 求特殊位置点投影：在 V 面选取线段端点 $1'$ 和 $10'$ 以及线段上的点 $2'(3')$、$6'(7')$ 分别向下作垂直线与 H 面球体投影交于 1、10、2、3、6、7；再用"二补三"方法求各点在 W 面上的投影 $1''$、$10''$、$2''$、$3''$、$6''$、$7''$。

(2) 求椭圆长轴两端点的投影：在 V 面上选取线段中点 $4'(5')$，运用纬圆法分别求作其在 H 面上的投影 4、5 和 W 面投影 $4''$、$5''$。

（3）求一般位置点投影：在 V 面上选取点 $8'(9')$，运用纬圆法分别求作其 H 面投影 8、9 和 W 面投影 $8''$、$9''$。

（4）分别在 H 面和 W 面上用圆滑曲线依次连接各点，即得截交线在 H 面和 W 面的投影——椭圆。

（5）整理并加深轮廓线，得被截切后球体剩余部分的三面投影。

【例 4-17】 如图 4-32（a）、（b）所示，已知半球体被截切后的正面投影，求半球体的其余两面投影。

分析 由已知和直观图可知，半球体被两个侧平面Ⅰ和一个水平面Ⅱ截切。在 H 面投影中，两个侧平面与球体相交得截交线为两条与 OY 轴平行的直线；水平面反映实形，为纬圆一部分。在 W 面投影中，两个侧平面与球体相交所得的截交线是两个纬圆的一部分，水平面积聚为一条与 OY 轴平行的直线。

作图 ［图 4-32（c）］

（1）作出半球体完整的 W 面投影；

（2）分别作出两个侧平面Ⅰ和水平面Ⅱ的 H 面投影；

（3）分别作出两个侧平面Ⅰ和水平面Ⅱ的 W 面投影，这样截交线的投影即求作完成；

（4）整理并加深轮廓线，得被截切后半球体剩余部分的三面投影。

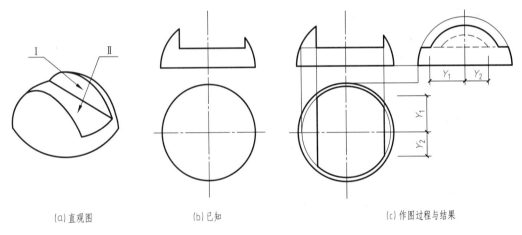

(a)直观图　　　　(b)已知　　　　(c)作图过程与结果

图 4-32　截切半球体剩余部分的投影求作

任务 4.5　平面立体与平面立体相交

建筑物中，大部分形体是由两个及以上的基本形体组成的，立体相交称为相贯，相贯立体表面的交线称为相贯线，相贯线有以下基本性质。

（1）共有性　相贯线是两相贯体表面的共有线，线上的每一点都是两立体表面的共有点。

（2）封闭性　因立体有一定的范围，所以相贯线一般为封闭的空间曲线或折线。

由于立体分为平面立体和曲面立体，因此立体相贯分为平面立体与平面立体相贯、平面立体与曲面立体相贯以及曲面立体与曲面立体相贯三种情况（图 4-33）。

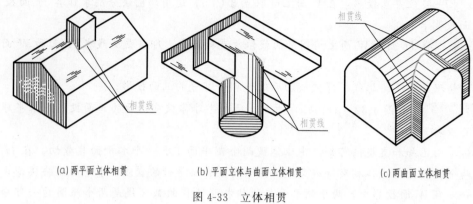

(a)两平面立体相贯　　　　　(b)平面立体与曲面立体相贯　　　　　(c)两曲面立体相贯

图 4-33　立体相贯

4.5.1　平面立体相贯线的求作

平面立体与平面立体相交，其相贯线为封闭的空间折线。相贯线的每一段折线都是两相贯体相贯棱面之间的交线，每个折点都是相贯体的棱线与另一相贯体的贯穿点（直线与立体表面的交点）。因此，求两平面的相贯线，先求出所有的贯穿点，顺次连接各贯穿点并判定其可见性即可完成相贯线投影求作。

【例 4-18】　如图 4-34 (a)、(b) 所示，求作三棱柱与三棱锥的相贯线，并补全相贯体的水平投影和侧面投影。

分析　从正面投影可以看出，三棱柱从前向后整个贯入三棱锥，这种情况为全贯，因此相贯线为两组闭合的相贯线。由于三棱柱的正面投影具有积聚性，因此相贯线的正面投影积聚在三棱锥的正面投影上，相贯线的水平投影和侧面投影需要作图。

作图

(1) 在正面投影上标出各贯穿点的投影 $1'$、$2'$、$3'$、$4'$、$5'$、$6'$、$7'$。

(2) 将三棱柱下棱面扩大（看成截平面 P），并利用交线法求出截平面 P 与三棱锥相交的截交线的水平投影。

(3) 根据在平面立体表面定点的方法，求出贯穿点Ⅰ、Ⅱ、Ⅳ、Ⅵ、Ⅶ的侧面投影 $1''$、$2''$、$4''$、$6''$、$7''$和贯穿点Ⅲ、Ⅴ的水平投影 3、5。

(4) 用"二补三"的方法，完成各折点的三面投影。

(5) 连点，将同时位于三棱柱和三棱锥同一侧面上的两个点用直线连接起来。在 H 投影面上分别依次连 1、3、7、5 和 4、2、6 两组相贯线。在 W 投影面上分别依次连 $1''$、$3''$、$5''$、$7''$和 $2''$、$4''$、$6''$。

(6) 判断可见性：在水平投影中 1、2、3、4、5、6 分别位于三棱柱左右两个上棱面上，故交线 1-3、1-5、2-4、2-6 可见。但由于棱柱的下底面不可见，故交线 3-7、5-7、4-6 不可见。

在侧面投影中，除 $1''$-$3''$（$1''$-$5''$）外，其余交线均重合在有积聚性的棱面上。

4.5.2　同坡屋面的交线

在房屋建筑中，常以坡屋面（坡度大于 10%）作为屋顶形式，其中，最常见的为同坡

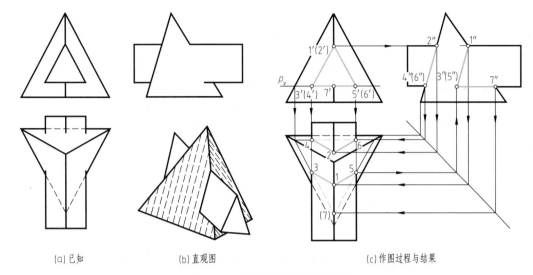

(a)已知　　　　　　(b)直观图　　　　　　(c)作图过程与结果

图 4-34　三棱柱与三棱锥的相贯

屋面。即各屋面有相同的水平（H 面）倾角 α，且屋檐高度相等。

同坡屋面相交，实质上棱柱与棱柱的相贯。相贯线即为同坡屋面间的交线，与檐口线平行的两坡屋面交线称屋脊线；凸墙角处檐口线相交的两坡屋面交线称斜脊线；凹墙角处檐口线相交的两坡屋面交线称天沟线（图 4-35）。

同坡屋面交线具有以下投影特征（图 4-36）：

（1）檐口线相互平行且等高的两坡面如果相交，必相交成水平屋脊线，其水平投影与两檐口线的水平投影平行且等距。

（2）檐口线相交的两坡面，必交成斜脊线或天沟线，斜脊线位于凸墙面处，天沟线位于凹墙面处。当檐口线相交成直角时无论是天沟线或斜脊线，它们的水平投影与檐口线的水平投影都呈 45°角。

（3）在屋面上如果有两条交线交于一点，必有第三条交线交于此点，这个点就是三个相邻屋面的共有点。

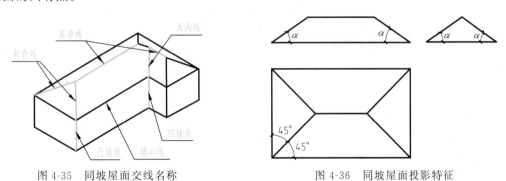

图 4-35　同坡屋面交线名称　　　　　　图 4-36　同坡屋面投影特征

在绘制同坡屋面的三视图时，常按照俯视图（H 面投影）—主视图（V 面投影）—左视图（W 面投影）的顺序依次绘制。在绘制俯视图时，首先作屋檐的投影，再作相邻屋檐的角平分线，最后根据先碰先相交作斜屋脊和平屋脊（图 4-37）。

俯视图完成后，根据正投影基本原理"长对正，高平齐，宽相等"作出主视图（V 面投影）和左视图（W 面投影），如图 4-38 所示。

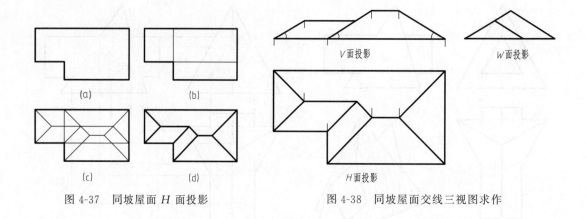

图 4-37 同坡屋面 H 面投影　　　　　　图 4-38 同坡屋面交线三视图求作

任务 4.6 平面立体与曲面立体相交

平面体与曲面体相交时，相贯线是由若干段平面曲线或平面曲线和直线组成。其中，每段平面曲线或直线，为平面体与曲面体某表面的交线，称为相贯线段。每两条相贯线段的交点，为平面体棱线与曲面体表面的交点，称为贯穿点。因此求作平面体与曲面体相贯线的实质是求平面体表面与曲面体表面的相贯线段以及平面体棱线与曲面体的贯穿点。

【例 4-19】　如图 4-39（a）、（b）所示，求作四棱柱与圆柱的相贯线，并补全相贯体的水平投影和侧面投影。

分析　由于四棱柱与圆柱的轴线分别垂直于 V 面和 W 面，可知相贯线是一条前后左右对称的空间曲线，其 V 面投影与四棱柱的积聚投影重合，W 面投影与圆柱的积聚投影的左右部分重合，故只需求出相贯线的 H 面投影即可。相贯线的 H 面投影利用棱柱和圆柱三面投影的积聚性特征进行求作。

作图　[图 4-39（c）]

（1）求贯穿点　在相贯线的 V 面投影（四棱柱的 V 面积聚投影）标出贯穿点 1′、2′、3′、4′、5′（其余点标注省略）；结合相贯线的 W 面投影找到相应贯穿点的 W 面投影 1″、2″、3″、4″、5″，利用正投影基本特征求得贯穿点的 H 面的投影 1、2、3、4、5（其余点标注省略）。

（2）求相贯线　相贯线分为前后两段曲线，在 H 面上用圆滑的曲线依次连接 1、2、3、4、5 五个点得到前面一组相贯线；依次连接后面五个点得到后面一组相贯线。

（3）可见性判断　由已知可知，在 H 面上，前后两组相贯线上部分可见，在 W 面上，相贯线重合在形体的积聚投影上。

（4）整理轮廓线，加深图线，完成作图。

【例 4-20】　如图 4-40（a）、（b）所示，求作四棱柱与圆锥的相贯线，并补全相贯体的水平投影和侧面投影。

分析　由图 4-40（a）、（b）可知，四棱柱与圆锥的轴线重合且垂直 H 面，故相贯线是一条前后左右对称的空间曲线（4 段双曲线组成）。四棱柱的上下底面垂直于 H 面，因此四棱柱与圆锥的相贯线的 H 面投影与四棱柱的积聚投影重合。

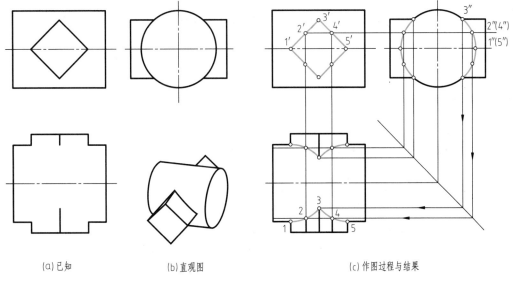

(a)已知   (b)直观图   (c)作图过程与结果

图 4-39   四棱柱与圆柱的相贯

作图   [图 4-40（c）]

（1）求贯穿点   在相贯线的 H 面投影（四棱柱的 H 面积聚投影）标出贯穿点的 H 面的投影 1、2、3、4、5（其余点标注省略）；利用素线法求得贯穿点在 V 面的投影 $1'$、$2'$、$3'$、$4'$、$5'$（其余点标注省略）；再利用正投影的基本特征求得贯穿点的 W 面的投影 $1''$、$2''$、$3''$、$4''$、$5''$（其余点标注省略）。

（2）求相贯线   相贯线由 4 段双曲线组成。其 H 面的投影与四棱柱的投影重合；V 面和 W 面上，依次用光滑的曲线连接相贯点即得到相贯线的 V 面和 W 面投影。

（3）可见性判断   由图 4-40（a）、（b）分析可知，在 V 面上位于前方的两相贯线可见，在 W 面上位于左侧的两相贯线可见。

（4）整理轮廓线，加深图线，完成作图。

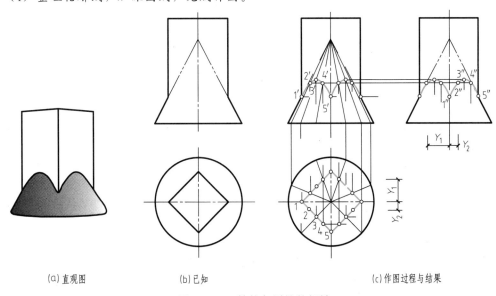

(a)直观图   (b)已知   (c)作图过程与结果

图 4-40   四棱柱与圆锥的相贯

任务 4.7 曲面立体与曲面立体相交

一般情况下，两曲面立体相交，其相贯线为闭合的空间曲线，特殊情况下，相贯线为平面曲线或平面直线。

4.7.1 两曲面立体相贯线的求作

相贯线是相交两立体的共有线，线上的点为两立体的共有点。因此，求相贯线，先求两曲面立体表面上的共有点，其求作方法与两平面立体相交以及平面立体与曲面立体相交求共有点的方法相同（积聚投影法和辅助面法），当相交两曲面体之一的某投影有积聚性时，相贯线的同面投影与此重合，其余两面投影可利用面上取点或辅助面法求取。

【例 4-21】 如图 4-41（a）、（b）所示，求作圆柱与圆锥的相贯线，并补全相贯体的水平投影和侧面投影。

分析 由图 4-41（a）、（b）可知，圆锥顶穿过圆柱，因此该圆柱与圆锥的相贯线由两组相贯线组成：第一组为圆锥顶穿过圆柱产生的水平圆，第二组由两曲面体侧面相交产生的不规则空间曲线组成。由于圆柱上下底面垂直于 H 面，因此相贯线的 H 面投影具有积聚性，作图时先作出相贯线 H 面的投影，再通过求作公共点的投影来求作相贯线的 V 面和 W 面的投影。

作图 ［图 4-41（c）］

（1）作相贯线的 H 面投影 相贯线在 H 面的投影为两个直径不同的圆。在 V 面投影中，过 a' 和 b' 两点向下作垂线，与 H 面交于 a、b 两点，以线段 ab 为直径，作出小圆（第一组相贯线）；另外一个圆与圆柱底面投影重合，即得到相贯线的 H 面全部投影。

（2）求第二组相贯线的点。

第一步：求相贯线的最上点、最下点。先在相贯线的 H 面投影上找到相贯线的最上点、最下点的 H 面投影 1、2（连接两相贯线的圆心，并延长与大圆周分别交于 1、2），然后利用素线法求出 V 面和 W 面投影 $1'$、$2'$ 和 $1''$、$2''$。

第二步：求最左点和最右点。先在 V 面投影中，找到圆柱与圆锥相交的最左、最右两点的投影 $3'$、$4'$，然后利用正投影的基本特征求出两点在 H 面投影 3、4 和 W 面投影 $3''$、$4''$。

第三步：求一般位置点。为求作方便，取相贯线和圆锥面素线相交点 5、6、7、8 以及相贯线与圆柱面最前、最后相交的点 9、10，在 H 面投影上找到相应点的投影；然后根据圆锥圆柱面上点的投影特征，求出点在 V 面投影 $5'$、$6'$、$7'$、$8'$、$9'$、$10'$ 和 W 面投影 $5''$、$6''$、$7''$、$8''$、$9''$、$10''$。

（3）求贯穿线的 V 面和 W 面投影。

第一组相贯线投影求作：相贯线为水平圆，在 H 面投影为反映实形的圆，在 V 面和 W 面上分别积聚为与 OX 轴和 OY_w 轴平行的线段。

第二组相贯线投影求作：在 V 面上用圆滑的曲线依次连接 $1'$、$5'$、$3'$、$6'$、$9'$、$2'$、$4'$、$7'$、$10'$、$8'$，在 W 面上用圆滑的曲线依次连接 $1''$、$5''$、$3''$、$6''$、$9''$、$2''$、$4''$、$7''$、$10''$、$8''$，即得到相贯线在 V 面和 W 面的投影。

（4）可见性判断　由图 4-41（a）、（b）分析可知，在 V 面投影上，从前往后看，相贯线段 4'-7'-10'-8'-1'-5'-3' 段位于圆柱最左、最右侧素线后方，为不可见线，用虚线表示；W 面中，从左往右看，贯穿线段 10"-8"-1"-5"-3"-6"-9" 段位于圆柱最前、最后侧素线右侧，也不可见，用虚线表示。

（5）整理轮廓线　擦除多余线条，整理圆柱和圆锥轮廓线得相贯体的三面投影。

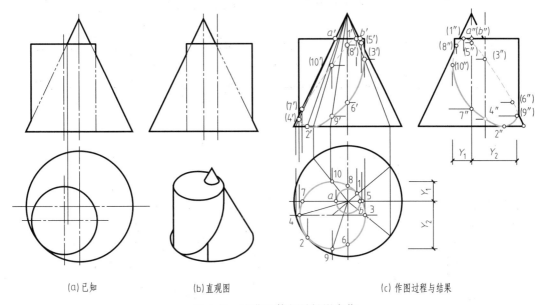

(a)已知　　　　　(b)直观图　　　　　(c)作图过程与结果

图 4-41　两曲面体相贯投影求作

4.7.2　两曲面立体相贯的特殊情况

一般情况下，两曲面立体相交产生的相贯线为空间曲线，特殊情况下是平面曲线、圆或直线，求作这些特殊情况的相贯线，方法相对简单。特殊情况的相贯线如图 4-42 所示。

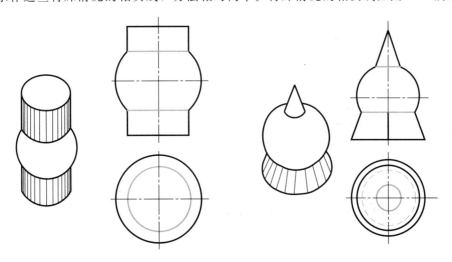

(a)两回转体具有公共轴线时，相贯线为圆

图 4-42

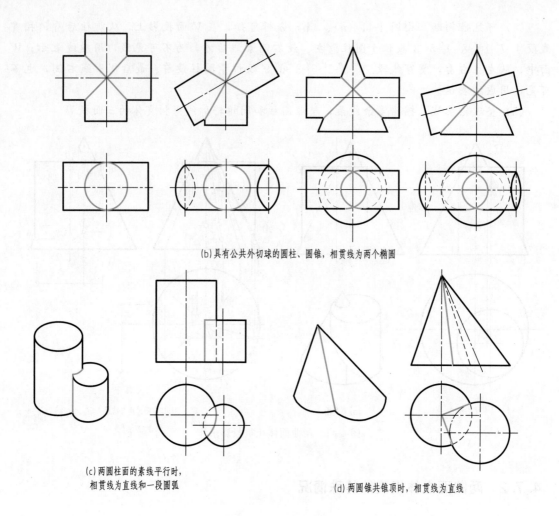

(b) 具有公共外切球的圆柱、圆锥，相贯线为两个椭圆

(c) 两圆柱面的素线平行时，
相贯线为直线和一段圆弧

(d) 两圆锥共锥顶时，相贯线为直线

图 4-42 两曲面体相贯特殊情况

1. 什么是平面立体？什么是曲面立体？
2. 常见的平面立体有哪些？
3. 常见的曲面立体有哪些？
4. 平面立体表面定点的方法有哪些？
5. 曲面立体表面定点的方法有哪些？
6. 单一平面与平面立体相交，其截交线的形状如何？
7. 单一平面与曲面立体相交，其截交线的形状如何？

教学单元五 轴测投影

- 知识目标

了解轴测图的形成过程和分类；

掌握轴测图的基本特性；

掌握正等测和正面斜二测轴测图的形成及特点。

- 能力目标

学会平面体和圆柱体正等轴测图的画法；

能够正确绘制形体的正面斜二测轴测图。

知识导图

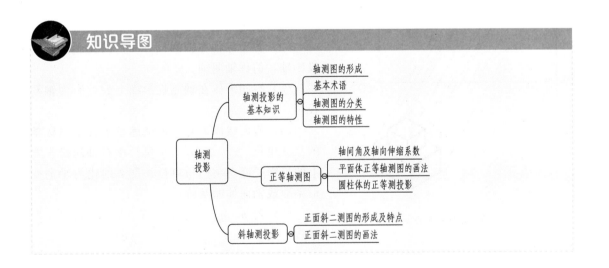

任务 5.1 轴测投影的基本知识

正投影图能够比较全面地反映空间物体的形状和大小，具有表达准确、作图简便的优点，被广泛应用于工程实践。但因其缺少立体感，往往给读图带来很大的麻烦，如图 5-1 (a) 所示。而轴测图具有立体感强、直观性强，弥补了三面投影的不足。故常被用来作为辅助性的图样，可以帮助人们更好地读懂三视图，如图 5-1 (b) 所示。

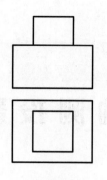

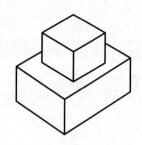

(a) 正投影图   (b) 轴测图

图 5-1　正投影图和轴测图的比较

5.1.1　轴测图的形成

将形体连同其参考直角坐标轴系，沿不平行于任一坐标面的方向用平行投影法将其投射在单一投影面上，所得到的新图形称为轴测投影图，简称轴测图，如图 5-2 所示。

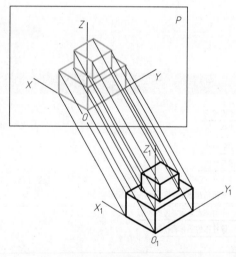

图 5-2　轴测图的形成

5.1.2　基本术语

（1）被选定的平面（P）为轴测投影面。

（2）各坐标轴在轴测投影面上的投影为轴测投影轴，简称轴测轴。

（3）空间形体在轴测投影面上的投影为轴测投影。

（4）假设线段 l 为直角坐标系中各个坐标轴的长度单位，i、m、n 为单位长度在轴测投影图上的投影长度。它们与单位长度 l 的比为轴向变形系数或轴向伸缩系数。

（5）若 p、q、r 分别为 X、Y、Z 轴向变形系数，则 $p=i/l$，$q=m/l$，$r=n/l$。

（6）轴测轴之间的夹角为轴间角。

5.1.3　轴测图的分类

轴测图可分为以下两类：

（1）按投影方向：

投影方向倾斜于轴测投影面时，称为斜轴测图。

投影方向垂直于轴测投影面时，称为正轴测图。

（2）按轴向伸缩系数是否相等：

当 $p=q=r$ 时，称为正（或斜）等测图。

当 $p=q\neq r$ 时，称为正（或斜）二测图。

在建筑制图中常用的轴测图有两种：正等测轴测图、斜二测轴测图。

5.1.4 轴测图的特性

轴测图是用平行投影的方法所得到的一种投影图，必然具有平行投影的投影特性：

（1）平行性　形体上互相平行的线段在轴测图中仍然互相平行。

（2）定比性　形体上两平行线段的长度之比在轴测图中保持不变。形体上平行于坐标轴的线段在轴测图中具有与相应轴测轴相同的轴向伸缩系数，因而可以度量。不平行于坐标轴的线段都不能直接测量。

（3）实形性　形体上平行于轴测投影面的平面在轴测图中反映实形。

任务 5.2　正等轴测图

5.2.1 轴间角及轴向伸缩系数

在正等轴测图中三个轴向伸缩系数相等，则三个直角坐标轴与轴测投影面的倾斜角度必相同，投影后三个轴间角相等，均为 $120°$。通常 OZ 轴竖直放置，OX 轴和 OY 轴的位置可以互换，如图 5-3（a）所示。

由几何原理可知，正等测的轴向伸缩系数相等，则 $p=q=r\approx 0.82$，如图 5-3（b）所示。为简化作图，制图标准规定 $p=q=r=1$，用简化轴向伸缩系数画出的正等轴测图比理论图形放大了 1.22 倍，如图 5-3（c）所示。

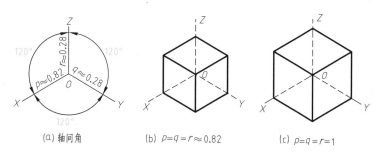

(a) 轴间角　　　(b) $p=q=r\approx 0.82$　　　(c) $p=q=r=1$

图 5-3　正等测轴图轴间角和轴向伸缩系数

5.2.2 平面体正等轴测图的画法

画轴测图常用的方法有坐标法、特征面法、叠加法和切割法，这里主要介绍坐标法和特征面法。

5.2.2.1 坐标法

按物体的坐标值确定平面体上各特征点的轴测投影并连线，从而得到物体的轴测图，这种方法即为坐标法。坐标法是所有画轴测图的方法中最基本的一种，其他方法都是以该方法为基础的。

【例 5-1】 作出四棱锥的正等测图。

分析 由于四棱锥的底面为水平面，故可确定作图思路为：先作出四棱锥底面和锥顶的正等测图，然后连接棱锥顶点及底面各角点，从而得出四棱锥的轴测图。

作图

（1）确定坐标原点和坐标轴 该步骤应在物体视图上进行，如图 5-4（a）所示。为作图简便，通常可将坐标原点设在物体的可见点上，一般位于物体的对称中心。

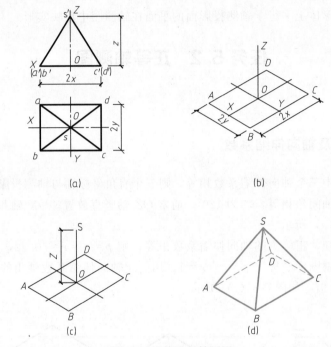

图 5-4 坐标法画轴测图

（2）作底面的正等测图 先确定 OX、OY、OZ 轴的方向，通常 OZ 轴的方向为物体的高度方向，竖直放置，OX 和 OY 的方向可以互换，本题的取法如图 5-4（b）所示。

然后，在 OX 和 OY 轴的正、负方向上各截取锥底的长度和宽度的一半 x 和 y，然后过各截点作轴测轴的平行线，即可得到四棱锥底面四个顶点 A、B、C、D 的正等测投影，如图 5-4（b）所示。

（3）作四棱锥顶点的正等测图 在 OZ 轴上从 O 点向上量取棱锥的高 Z，得四棱锥顶点的正等测投影，如图 5-4（c）所示。

（4）依次连接四棱锥顶点与底面对应点，检查后擦去作图线，描粗加深可见轮廓线，完成全图，如图 5-4（d）所示。

5.2.2.2 特征面法

这是一种适合于柱体轴测图绘制的方法。绘图时先画出能反映柱体形状特征的一个可见底面，再画出可见的侧棱，最后画出另一底面的可见轮廓，这种得到形体轴测图的方法为特征面法。

【例 5-2】　作出如图 5-5（a）所示物体的正等测图。

分析　由图可知，形体的 W 面投影反映了形体的形状特征，画图时先画出物体左面的正等测图，然后向长度方向延伸即可。

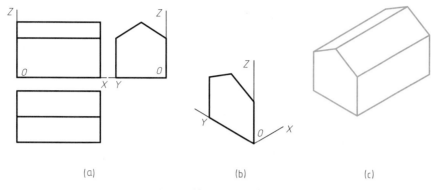

（a）　　　　　　　　　　　　（b）　　　　　　　　　　　　（c）

图 5-5　特征面法画轴测图

作图

（1）设坐标原点 O 和坐标轴，如图 5-5（a）所示；

（2）作物体左面的正等测图，如图 5-5（b）所示。注意：图中的两条斜线，其长度不能直接测量，必须留待最后画出；

（3）过物体左面上的各顶点作 X 轴的平行线，并截取物体的长度 x，然后顺序连接各点，得到物体的正等测图；

（4）检查无误后，描粗可见轮廓线，得物体的正等测图，如图 5-5（c）所示。

5.2.3　圆柱体的正等测投影

图 5-6 为一立方体正等测图，从图中可以看出，位于立方体表面上的内切圆的正等测图都是椭圆，且大小相等。在正等测中绘制这些椭圆时，要采用四心扁圆法（又称为菱形法），这是一种椭圆的近似画法。下面以圆柱为例，介绍四心扁圆法的具体画法。

【例 5-3】　求作如图 5-7（a）所示圆柱的正等测图。

分析　直立圆柱体上、下底面均为水平圆，只需先作出上、下两底圆的正等测图，然后再利用特征面法画出柱体。

作图

（1）如图 5-7（a）所示，设坐标系，同时作圆的外接正方形，切点的水平投影为 a、b、c、d。

（2）如图 5-7（b）所示，用菱形法画出顶圆的正等测图，具体步骤为：

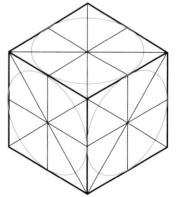

图 5-6　立方体正等测图

① 作与顶圆坐标轴相对应的轴测轴 OX、OY，且在它们上面分别截得 A、B、C、D 四点；过点 A、B、C、D 作 OX、OY 轴的平行线得菱形，此即为圆外接正方形的轴测投影。

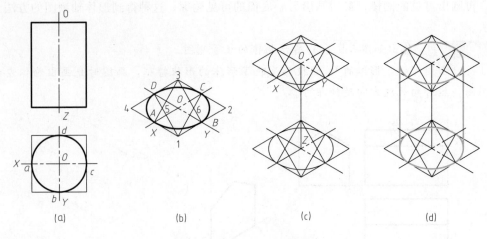

图 5-7　圆柱的正等测图画法

② 将菱形的两钝角顶点 1、3 与其四边中点 A、B、C、D 分别连线，得 $C1$、$D1$、$A3$、$B3$，它们两两相交得点 5、6。

③ 分别以点 1 为圆心、$1C$ 长为半径作圆弧 CD；以点 3 为圆心、$3A$（长度等于 $1C$）为半径作圆弧 BA；以点 5 为圆心、$5A$ 为半径作圆弧 AD；以点 6 为圆心、$6B$（长度等于 $5A$）为半径作圆弧 BC。四段圆弧相连，呈近似一椭圆，故又称为扁圆。

（3）如图 5-7（c）所示，沿 Z 轴方向向下移动顶圆的圆心（高度为圆柱的高）得底圆的圆心，然后再用同样的方法作出底圆的正等测图。

（4）如图 5-7（d）所示，作出上下两椭圆的公切线，完成直立圆柱体的正等测图。

任务 5.3　斜轴测投影

建筑工程中常用的斜轴测图为斜二测图，简称斜二测。它画法简单、立体感强。

5.3.1　正面斜二测图的形成及特点

如图 5-8 所示，将物体与轴测投影面 P 平行放置，然后用斜投影法作出其投影，此投影即称为物体的斜二测图，其特点如下：

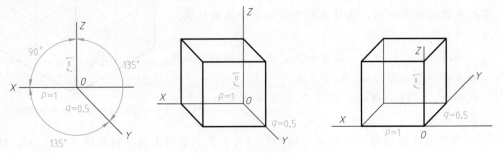

图 5-8　正面斜二测图的轴间角和轴向变化率

（1）正面斜二测图能反映物体上与 V 面平行的外表面的实形。

（2）其轴间角和轴向变化率分别为：

轴间角：$\angle XOZ = 90°$，$\angle YOZ = \angle XOY = 135°$；

轴向变化率：$p = r = 1$，$q = 0.5$。

5.3.2 正面斜二测图的画法

由于斜二测图能反映物体正面的实形，所以常被用来表达正面（或侧面）形状较复杂的柱体。画图时应使物体的特征面与轴测投影面平行，然后利用特征面法求出物体的斜二测图。

【例 5-4】 如图 5-9（a）所示，作出正三棱锥的斜二测图。

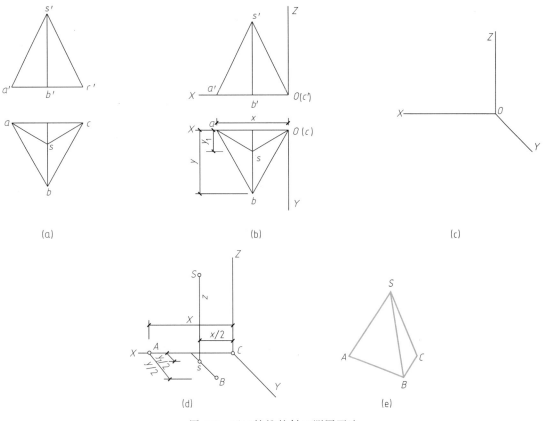

图 5-9　正三棱锥的斜二测图画法

作图

（1）如图 5-9（b）所示，以三棱锥上的 C 点为坐标原点 O，加直角坐标轴，并使 OX 轴与底边 AC 重合，则 OX、OY 和 OX、OZ 分别为坐标轴的水平和正面投影。

（2）如图 5-9（c）所示，根据轴间角画出轴测轴 OX、OY、OZ。

（3）如图 5-9（d）所示，根据 S、A、B、C 点的坐标，作出它们轴测投影（注意量取 Y 坐标值时应取一半）。

（4）如图 5-9（e）所示，用直线连接 SA、SB、SC、AB、BC（底棱 AC 不可见，一般

不予画出），整理加深，完成三棱锥的轴测图。

从本例题可以看出，在空间不平行于任何坐标轴的直线（如 SA、AB 等），它们的轴测投影由该直线上两点的轴测投影来确定，不能在正投影图上直接另取。

1. 用简化轴向伸缩系数画出的正等轴测图与实际形体轴测图完全一样吗？
2. 特征面法适用于哪些形体的轴测图的绘制？
3. 按投影方向，轴测图可分为哪些类型？
4. 轴测图的特性有哪些？

教学单元六　建筑形体的表达方法

学习目标

• 知识目标

了解形体的基本投影图主要有哪些；

理解形体分析法；

掌握绘制建筑形体投影图的基本方法和步骤；

理解剖面图和断面图的含义及形成过程；

掌握剖面图、断面图的正确画法，熟悉剖面图及断面图的种类及标注方法。

• 能力目标

能够根据形体的结构特征判断形体的空间形状；

能够正确运用形体分析法和线面分析法进行绘图与读图。

知识导图

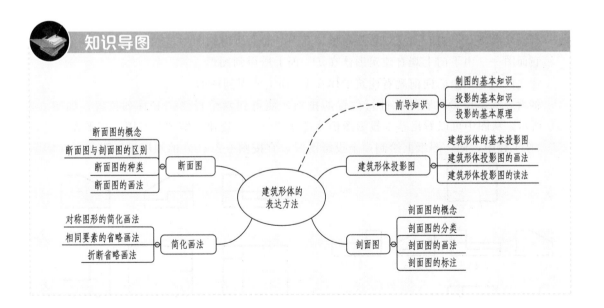

任务 6.1　建筑形体投影图

建筑物的形体一般都具有复杂多变的特点，要准确、清晰、完整地表达建筑形体，三视图已难以满足要求。所以，建筑制图标准规定了多种表达方法，根据投影图的类型，建筑形体投影图分为基本投影图和特殊投影图。因特殊投影图在建筑绘图中不常用，本书主要讲解基本投影图。

6.1.1 建筑形体的基本投影图

建筑形体的基本投影图如图 6-1 所示。

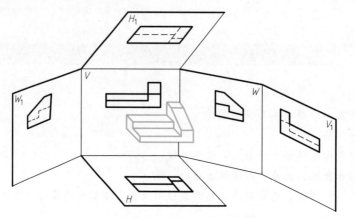

二维码 6.1

图 6-1 建筑形体的基本投影图

正立面图——由前向后观看建筑形体在 V 面上所得到图形。

平面图——由上向下观看建筑形体在 H 面上所得到图形。

左侧立面图——由左向右观看建筑形体在 W 面上所得到图形。

右侧立面图——由右向左观看建筑形体在 W_1 面上所得到图形。

底面图——由下向上观看建筑形体在 H_1 面上所得到图形。

背立面图——由后向前观看建筑形体在 V_1 面上所得到图形。

将六个基本投影图展开后进行位置的排列，便得到六个投影图和排列位置，如图 6-2 （a）所示，从图中可以看出基本投影图仍然遵守"三等"规律。即"长对正，高平齐，宽相等"。在工程中，同一图纸上绘制多个投影图时，宜按图 6-2 （b）的顺序进行配置。在实际

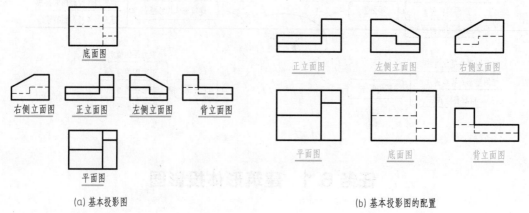

（a）基本投影图　　　　　　　　　（b）基本投影图的配置

图 6-2 形体的六个基本投影图

建筑形体表达时，通常无须将全部六个基本投影图都画出，而应根据建筑形体的形状特点和复杂程度，选择其中的几个基本视图进行绘制，达到完整、清晰地表达建筑形体特征的目的。

6.1.2　建筑形体投影图的画法

6.1.2.1　形体分析法

在绘制建筑形体投影图前，首先要对建筑形体进行分析，不难看出。建筑形体都是由许多基本形体，按一定的组合方式组合而成的。如图6-3所示的纪念碑是由棱锥、棱柱和棱台等组成，水塔是由圆锥、圆柱和圆台等组成。

这种将一个复杂的建筑形体分解为若干个基本形体，且分析它们的相对位置、表面关系以及组成特点的方法，称为形体分析法。这是学习绘制和阅读建筑形体的投影图时，必须掌握的基本方法之一。

6.1.2.2　绘制建筑形体投影图的步骤

下面以图6-4为例，说明画建筑形体投影图的步骤。

二维码6.2

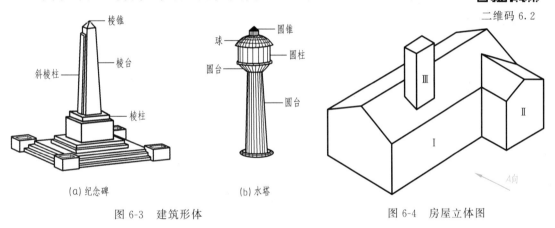

(a) 纪念碑　　　　　(b) 水塔

图6-3　建筑形体　　　　　　　　　图6-4　房屋立体图

（1）形体分析　该房屋可分解为一个水平放置的长五棱柱Ⅰ，一个与Ⅰ垂直的短五棱柱Ⅱ，还有一个铅垂安放于Ⅰ的上方前棱面上的四棱柱Ⅲ。

（2）选择投影　投影的选择包括以下三个方面。

① 确定形体的摆放位置。根据房屋的自然位置或工作位置，按图6-4位置摆放，房子底面平行于 H 面摆放。

② 确定正立面图的投射方向。对房屋来讲，应让房屋的主要立面平行于 V 面，还要使正立面图能充分反映建筑形体的形状特征。综合考虑采用如图6-4所示的 A 向作为绘制正立面图的投射方向。

③ 确定投影图数量。在保证能完整、清晰地表达出形体各部分形状和位置的前提下，投影图的数量应尽可能少，这是基本原则。图6-4中的形体Ⅰ、形体Ⅱ只要用 V 面投影、W 面投影表示即可，但对形体Ⅲ必须用三面投影表示，因此对这个建筑形体应采用三个投影图表示。

（3）选定比例确定图幅　是先定比例后定图幅，还是先定图幅后定比例，这可视情况而定。先定比例后定图幅，是先根据形体大小和复杂程度、使用要求，先定出作图的比例，并根据投影图数量，算出各投影所需面积，再预留出注写尺寸、图名和各投影图间距所需面积，最后确定图幅大小。先定图幅，后定比例，是先定好图幅，再依图幅大小，投影图数量和该留的注写尺寸、图名、投影图间距等面积，最后确定画图的比例。一般都先定比例后定图幅。

（4）画投影图

① 布图。即确定各投影图在图纸上的位置，使之在图纸上均匀排列又留足标注尺寸和书写图名的位置。

② 打底稿。可以根据形体分析，先大后小，先里后外，逐个画出各基本形体的三面投影，从而完成建筑形体的投影。也可以先画整个建筑形体的 H 面投影，再按投影关系完成正面投影，最后完成侧面投影即完成全图。打底稿宜用 H 或 2H 的铅笔。

③ 加深图线。经检查底稿，确定无误以后，擦去多余的图线，再按规定的线型加深、加粗，对细实线是加深，对粗实线是在底稿线上加粗。加深加粗图线宜用 B 或者 2B 的铅笔。加粗水平线，应从上面到下面逐一加粗；加粗铅垂线应从左到右逐一加粗。加深细实线也应如此。

④ 标注尺寸，填写标题栏。

详细画图步骤如图 6-5 所示。

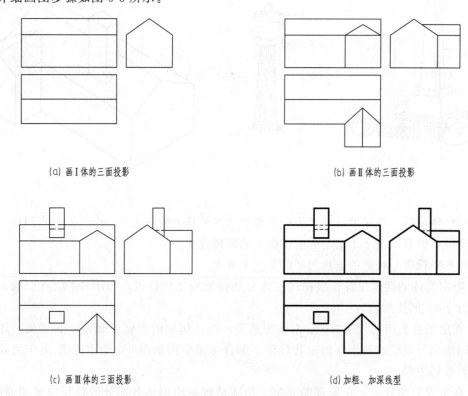

(a) 画Ⅰ体的三面投影　　　　　　　　　　　(b) 画Ⅱ体的三面投影

(c) 画Ⅲ体的三面投影　　　　　　　　　　　(d) 加粗、加深线型

图 6-5　画建筑形体三面投影图的步骤

6.1.3　建筑形体投影图的读法

根据建筑形体的投影图想象出它的形状和结构，这一过程就是读图。读图与画图是互逆

的两个过程，读图是从平面图形到空间形体的想象过程，是之前所学内容的综合应用。

读图的基本方法有形体分析法和线面分析法，这里主要讲解形体分析法。

6.1.3.1 形体分析法

读图时，首先要根据视图之间的"长对正，高平齐，宽相等"的三等关系，把形体分解成几个组成部分（即基本形体），然后对每一组成部分的视图进行分析，从而想象出它们的形状，最后再由这些基本形体的相互位置关系想象出整个建筑形体的空间形状。这就是形体分析法在建筑形体投影图的读法中的应用。

二维码 6.3

6.1.3.2 建筑形体投影图的读法步骤

（1）划分线框、分解形体。多数情况，采用反映形体形状特征比较明显的正立面图进行划分。

（2）确定每一个基本形体相互对应的三视图。根据所画线框及投影的"三等关系"，确定出每一个基本形体相互对应的三视图。

（3）逐个分析、确定基本形体的形状。根据三视图的投影对应关系，进行分析，想象出每一个基本形体的空间形状。

（4）确定建筑形体的整体形状。根据组成形体的各个基本形体的形状、相互间的位置及组合方式，从而确定出组合体的整体形状。

【例 6-1】 已知建筑形体的三视图，如图 6-6（a）所示，分析形体的空间形状。

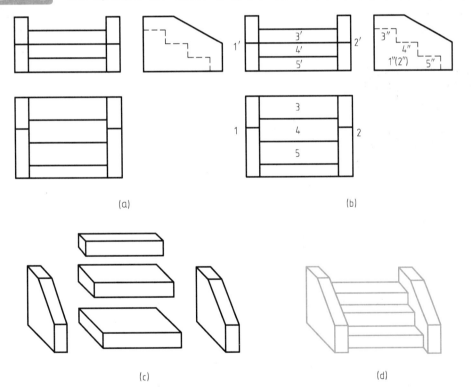

图 6-6　读建筑形体三面投影图的步骤

（1）通过对图 6-6（a）的观察分析，在正立面图中把组合体划分为五个线框，即左边一个、右边一个、中间三个，如图 6-6（b）所示。

（2）对五个线框的三视图对照分析可知：左右两个线框表示的为两个对称的五棱柱，中间三个线框表示的为三个四棱柱，见图6-6（c）。

（3）对形体的位置分析，三个四棱柱按从大到小由下而上的顺序叠加放在一起，两个五棱柱紧靠在其左右两侧，构成一个台阶，见图6-6（d）的立体图。

任务6.2 剖　面　图

6.2.1 剖面图的概念

由于建筑形体内外结构都比较复杂，视图中往往有较多的虚线，使得图面虚实线交错，混淆不清，给读图和尺寸标注带来困难，此时，可采用"剖切"的方式来解决形体内部结构形状的表达问题。

如图6-7所示，为了清楚地表达形体的内部结构，假想用剖切面 P 剖开形体，把剖切面和观察者之间的部分移去，将剩余部分向正投影面进行投射，所得到的视图称为**剖面图**，简称**剖面**。

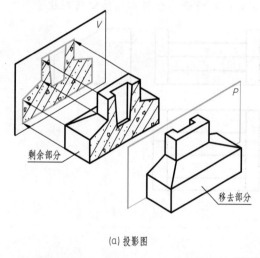

二维码6.4

（a）投影图　　　　　　　　　　　　　　（b）形成剖面图

图 6-7　剖面图的形成

作剖面图时应注意以下几点：

（1）剖切是一个假想的作图过程，因此一个视图画成剖面图，其他视图仍应完整画出。

（2）剖切面一般选在对称面上或通过孔洞的中心线，使剖切后的图形完整，并反映实形。

（3）剖切面与物体接触的部分为剖切区域。剖切区域的轮廓线用粗实线绘制，并在剖切区域内画表示材料类型的图例，常用的建筑材料部分图例见表6-1。剖面图未切到，但沿投影方向可以看见的物体的投影轮廓线用中实线表示，剖面图中一般不画虚线。

表6-1　常用建筑材料图例

序号	材料名称	图例	说明
1	自然土壤	※※※※	包括各种自然土壤

序号	材料名称	图例	说明
2	夯实土壤		
3	砂、灰土		靠近轮廓线点较密
4	砂砾石、碎砖、三合土		
5	天然石材		
6	毛石		
7	普通砖		包括实心砖、多孔砖、砌块等砌体;断面较窄,不宜画出图例线时,可涂红
8	混凝土		
9	钢筋混凝土		
10	多孔材料		包括水泥珍珠岩、沥青珍珠岩、泡沫混凝土、非承重加气混凝土、泡沫塑料、软木等
11	木材		
12	金属		包括各种金属;图形小时可涂黑

6.2.2 剖面图的分类

画剖面图时,针对物体的不同特点和要求,可采用不同的剖面类型。

6.2.2.1 全剖面图

沿平行于基本投影面的方向,用单一剖切面将形体一分为二的剖切方式称为**全剖面图**,如图 6-8 所示。全剖面图以表达内部结构为主,常用于外部形状较简单的不对称形体。全剖面图一般都要标注剖切线。只有当剖切平面与形体的对称平面重合,且全剖面图又置于基本投影图的位置时,可省去标注。

6.2.2.2 阶梯剖面图

如图 6-9 所示,用两个或两个以上相互平行的平面剖开形体得到的剖面图称为**阶梯剖面图**。当形体内部结构层次较多,用一个剖切面不能同时剖切到所有需要表达的内部结构时,常采用阶梯剖面图。阶梯形剖切平面的转折处,在剖面图上规定不画分界线。

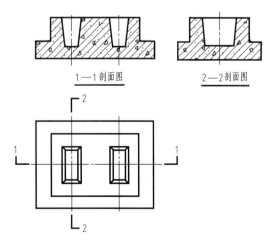

1—1剖面图   2—2剖面图

图 6-8 全剖面图

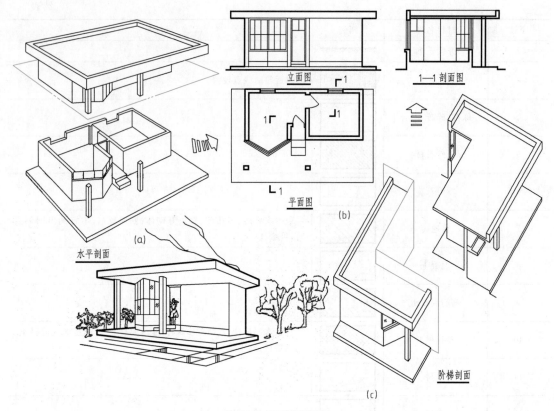

图 6-9　阶梯剖面图

6.2.2.3　半剖面图

如图 6-10 所示，对称形体作剖面图时，以对称线为分界线，一半画剖面图表达内部结构，一半画视图表达外部形状，这种视图称为**半剖面图**。半剖面图多适用于内外部形状都较复杂的对称形体。在半剖面图中，剖面图和投影图之间，规定用对称符号为分界，即细单点长画线加两端平行细实线。当对称中心是铅直时，半剖面画在投影图的右半边；当对称中心线是水平时，半剖面可以画在投影图的下半边。

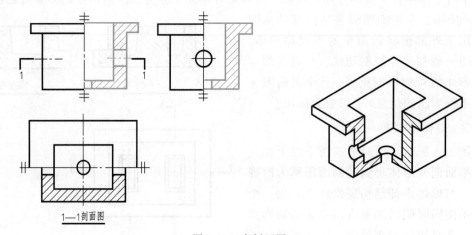

1—1剖面图

图 6-10　半剖面图

6.2.2.4 局部剖面图

如图 6-11 所示，将形体的某一局部剖开，并以波浪线区分剖切与未剖切部分的剖面图称为**局部剖面图**。局部剖面图只是形体整个外形投影图中的一个部分，因此不要标注剖切线。但是局部剖面与外形之间要用波浪线分开，波浪线不得与轮廓线重合，也不得超出轮廓线之外。

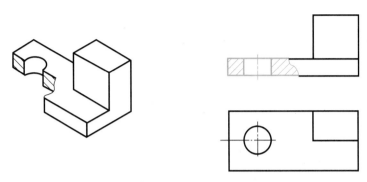

图 6-11　局部剖面图

6.2.2.5 分层剖面图

对于有层次构造的形体，可按层次分别剖开，并用波浪线将各层隔开，但波浪线不应与任何图线重合。如图 6-12 所示，用分层剖面图来反映面层的构造做法。

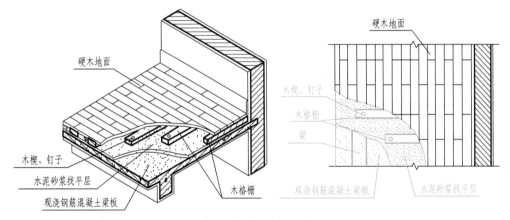

图 6-12　分层剖面图

6.2.3 剖面图的画法

剖切平面一般平行于基本投影面。作图时，应首先分析剖切平面所切到的内部构造之后再画剖面图。一般情况下剖面图就是将原来未剖切之前的投影图中的虚线改为实线，在断面上画出材料图例线即可，如图 6-13 所示。画剖面图时，应采用下列步骤：

（1）确定剖切位置　剖切位置和方向应根据需要进行确定。如图 6-7 所示，剖切平面应平行正投影面，且通过物体的内部形状（有对称平面时应通过对称平面）进行剖切。

（2）画剖面　剖切位置确定好，就可以将物体假想剖开，进行剖面图绘制。如图 6-13 所示，画剖面图时应注意，除要画出物体被剖切平面切到的图形外，还要画出被保留的后半部分的投影。为了便于读图和画图，常把剖面放在主视图的位置上。

（3）图例线　在剖面中被剖切平面剖切到的部分，应画出图例线。当需要表示物体的构造材料时，应将图例线改为材料图例。

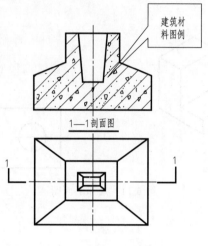

图 6-13　剖面图的画法

6.2.4　剖面图的标注

为了便于阅读、查找剖面图与其他图样之间的对应关系，应对剖面图进行标注，如图 6-14 所示。

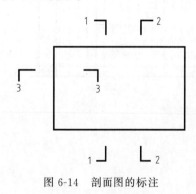

图 6-14　剖面图的标注

6.2.4.1　剖切符号

剖面图的剖切符号由剖切位置线和剖切方向线组成，均用粗实线绘制，剖切位置线长度为 6～10mm。剖切方向线与剖切位置线垂直，长度为 4～6mm，剖切符号不应与线条相交。

6.2.4.2　剖切符号编号

剖切符号的编号采用阿拉伯数字从小到大连续编写，在图上按从上到下、从左到右的顺序进行编号。

6.2.4.3　剖面图标注的步骤

（1）在剖切平面的起始部位及转折处均应标注剖切位置线，在图线外的位置线两端画出剖视方向线。

（2）在剖视方向线的端部注写剖切符号编号，如果剖切位置需要进行转折，则应在转角外侧注写相同的剖切符号编号，如图 6-9 所示。

（3）剖面图完成后，在剖面图下方注写剖面图名称，如"X—X 剖面图"，在图名下方画一条水平粗实线，其长度应与图名长度基本一致，如图 6-13 所示。

任务6.3 断 面 图

6.3.1 断面图的概念

用一个假想剖切平面剖开形体,将剖得的断面向与其平行的投影面投射,所得的图形称为**断面图**,简称**断面**。

如图6-15所示,断面图主要用于表达梁、柱、板某一部位的断面形状,也适用于表达建筑形体的内部形状。

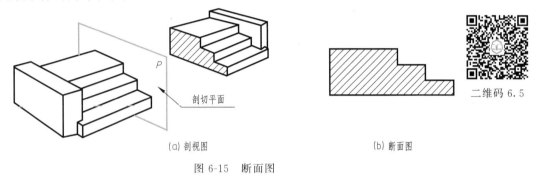

(a) 剖视图

(b) 断面图

二维码6.5

图6-15 断面图

6.3.2 断面图与剖面图的区别

如图6-16所示,断面图与剖面图有以下几点区别。

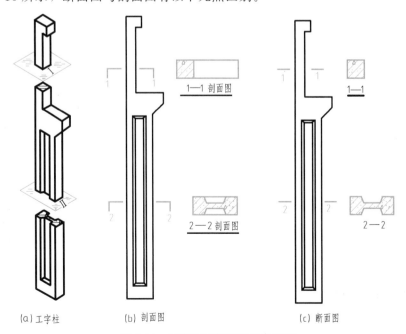

(a) 工字柱

(b) 剖面图

(c) 断面图

图6-16 工字柱的剖面图和断面图

（1）表达的内容不同　断面图只画出被剖切到的断面实形，即平面图形的投影。而剖面图是将被剖切到的断面连同断面后面剩余形体一起画出，是形体的投影。剖面图中包含着断面图。

（2）标注不同　断面图的剖切符号只画剖切位置线，用粗实线绘制，长度为 6～10mm，断面图中不画剖视方向线，用编号的注写位置来表示投射方向，编号所在一侧为该断面的剖视方向。

（3）名称不同　断面图的图名标注为"X—X"，而剖面图的图名为"X—X 剖面图"。

6.3.3　断面图的种类

6.3.3.1　移出断面图

布置在形体投影图形以外的断面图，称为移出断面，如图 6-17 所示。

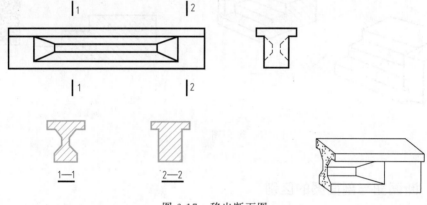

图 6-17　移出断面图

6.3.3.2　中断断面图

对于具有单一截面的较长杆件，断面可以画在靠近其端部或中断处。中断处用波浪线或折断线画出，如图 6-18 所示。

6.3.3.3　重合断面图

如图 6-19 所示，画在视图以内（重合）的断面为重合断面，重合断面一般不需要进行标注。重合断面的轮廓线，应与物体的轮廓线有所区别。当物体轮廓线为粗实线，重合断面轮廓线则为细实线，反之则采用粗实线。

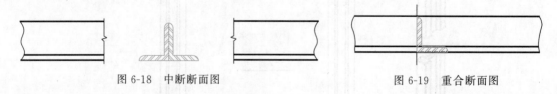

图 6-18　中断断面图　　　　　　　　　图 6-19　重合断面图

6.3.4　断面图的画法

（1）如图 6-20 所示，断面图的标注由剖切位置线与剖切编号组成。断面图用两段短粗实线表示剖切位置，但不再画表示投射方向的粗实线。

（2）用剖切平面剖开形体后，仅绘出断面形状，并且断面的轮廓线用粗实线绘制。

（3）按照指定材料图例进行填充，无须具体材料时，可用 45°方向的细实线绘制。

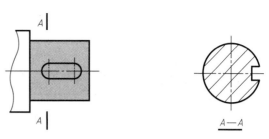

图 6-20　断面图的画法

任务 6.4　简 化 画 法

为了节省绘图时间或由于图幅限制，建筑制图国家标准规定在必要时采用一些简化画法，如：对称图形的简化画法、相同要素的省略画法、折断省略画法。

6.4.1　对称图形的简化画法

建筑形体的投影图为对称图形，可只画该图形的一半或四分之一，并画出对称符号。图形也可稍超出对称线，此时可不画对称符号，如图 6-21 所示。

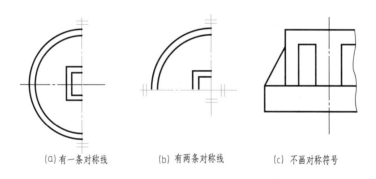

　(a) 有一条对称线　　　　(b) 有两条对称线　　　　(c) 不画对称符号

图 6-21　对称图形的简化画法

6.4.2　相同要素的省略画法

当形体上有多个完全相同而连续排列的构造要素，可仅在两端或适当位置画出其完整形状，其余部分以中心线或中心线交点表示，如图 6-22 所示。

6.4.3　折断省略画法

当形体较长且沿长度方向的形状相同或按一定规律变化时，可采用折断的办法，将折断的部分省略不画。如图 6-23 所示，断开处以折断线表示。

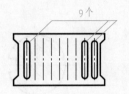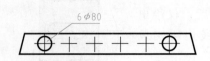

图 6-22　相同要素的省略画法　　　　　　　　　图 6-23　折断省略画法

1. 建筑形体的基本投影图有哪些？
2. 在绘制和识读建筑形体投影图时，什么情况需要用线面分析？
3. 六个基本视图是怎样形成的？
4. 剖面图是怎么形成的？剖面图的种类有哪些？
5. 什么是全剖面图？如何得到全剖面图？
6. 什么是半剖面图？工程中半剖面图常常应用在哪些建筑之中？
7. 什么是分层剖面图？分层剖面图常常应用在哪些地方？
8. 断面图是怎么形成的？断面图的种类有哪些？
9. 剖面图与断面图的区别有哪些？

教学单元七 建筑施工图

学习目标

• 知识目标

掌握房屋的组成及建筑施工图的分类；

掌握建筑总平面图的识读方法；

掌握建筑平面图的识读方法；

掌握建筑立面图和建筑剖面图的识读方法；

掌握建筑详图的识读方法。

• 能力目标

学会建筑总平面图、平面图、立面图图示内容及识读方法；

学会建筑剖面图以及建筑详图的图示内容及识读方法；

学会建筑平面图、立面图、剖面图以及建筑详图的正确绘制。

知识导图

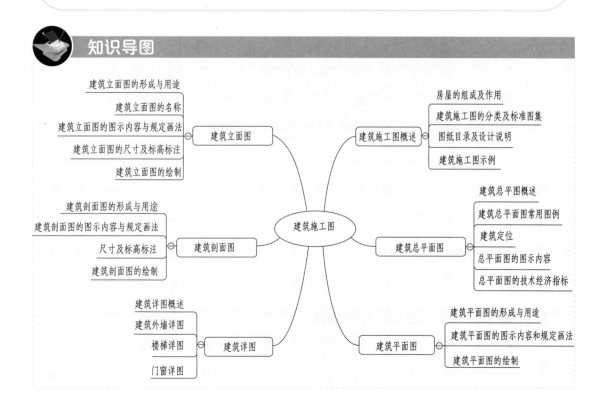

任务 7.1 建筑施工图概述

7.1.1 房屋的组成及作用

日常生活中，建筑随处可见，就一栋建筑而言，不管它的使用要求、空间组合、外形处理、结构形式和规模大小等有何区别，一般都是由基础、墙或柱、楼地层、屋面、门窗以及楼梯六个主要部分组成。房屋除上述主要组成部分以外，还有其他的构配件和设施，以保证建筑可以充分发挥其功能，如散水、勒脚、窗台等。如图 7-1 所示。

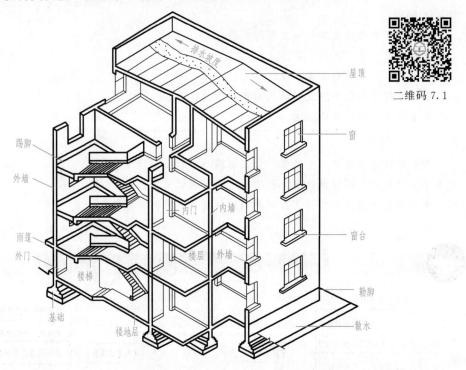

图 7-1　房屋的组成

房屋的各组成部分则分别起着相应的作用，例如：房屋的结构部分也就是承重体系（柱、承重墙等），起承受和传递荷载作用；屋顶、外墙、雨篷等主要起保温隔热、避风遮雨等维护作用；楼板、内墙要起分割室内竖向空间、水平空间的作用；屋顶、天沟、雨水管、散水等起着排水的作用；台阶、门、楼梯起着沟通房屋内外、上下交通的作用；窗户则主要用于采光和通风；勒脚、踢脚等起着保护墙身的作用等。

7.1.2 建筑施工图的分类与标准图集

7.1.2.1 建筑施工图的分类

建筑施工图的分类方式有多种，常规的分类方式有以下几种。

第一种是按施工图的专业来划分，主要可分为建筑施工图、结构施工图、设备施工图三类，具体如下。

（1）建筑施工图，简称建施图　主要用于表达建筑物的规划位置、外部造型、内部各房间的布置、内外装修及构造施工要求等。主要包括建筑总平面图、各层平面图、立面图、剖面图及详图等。

（2）结构施工图，简称结施图　主要用于表达建筑物承重结构的结构类型、结构布置与构件种类、数量、大小、做法等。主要包括结构设计说明、结构平面布置图及构件详图等。

（3）设备施工图，简称设施图　主要用于表达建筑物的给水排水、暖气通风、供电照明、燃气等设备的布置和施工要求。主要包括各种设备的平面布置图、轴测图、系统图及详图等。

第二种分类方式则是按施工图的内容或作用来划分，一套完整的房屋施工图通常应包含如下内容。

（1）图纸目录　主要包含工程图纸的专业、名称、图号和数量等。

（2）设计总说明　以文字叙述适当配以通用详图做法，来对图纸中的一些通用做法和规定作统一说明。一般应包含：施工图的设计依据、本工程项目的设计规模和建筑面积、本项目的相对标高与总图绝对标高的对应关系、构造做法、施工要求等内容。

（3）总图　通常包括一项工程的总体布置图。

（4）各专业图纸　第一种分类方式中的各专业施工图纸，即建施、结施和设施。

7.1.2.2　标准图与标准图集

工程建设标准设计（简称标准设计）是指国家和行业、地方对于工程建设构配件与制品、建筑物、构筑物、工程设施和装置等编制的通用设计文件。各级标准图集的编制在几十年的工程建设中发挥了积极的作用。

所谓建筑标准图集是将大量常用的房屋建筑及建筑构配件，按规定的统一模数，分不同的规格标准，设计编制成册的施工图，称为标准图。因为建筑中通常有很多做法是通用的甚至是全国统一的，因此可将标准图装订成册称为标准图集，但有的是有相应的使用范围，如"西南04J112"即西南地区通用的2004年修订的"砌块材料墙图集"。标准图集代号常用的有：建筑—J、结构—G、给水排水—S、通风—T、采暖—N、电气—D、（热）动力—R。如果是全国通用的标准图集，代号中则不会带有区域的名称。

标准设计图集一般由技术水平较高的单位编制，并经有关专家审查，最后报政府部门批准实施的，因此具有一定的权威性。大部分标准图集是可以直接引用到设计工程图纸中的，只要设计人员能够恰当地选用，就能够保证工程设计的正确性。对于不能直接引用的图集，它们对工程技术工作也能起到一定的指导作用，也能保证工程质量。

7.1.3　图纸目录与设计说明

7.1.3.1　图纸目录

一套图纸首先要查看的是图纸目录。图纸目录包含图纸的总张数、图纸专业类别及每张图纸的名称，以便迅速地找到所需要的图纸。图纸目录可参见图 7-2。

图纸目录也称"首页图"，即第一张图纸，建施-01 即为本套图纸的首页图。从图纸目录中可以了解下列信息：

（1）本套图纸的基本构成。

（2）本套图纸的总页数。

（3）不同页码图纸的名称。

（4）不同图纸采用的图纸规格。

（5）本工程的工程名称。

因此设计人员为了表达清楚，便于使用时查阅，就必须针对每张图纸所表示的建筑物的部位，给图纸起一个名称，另外再用数字编号，确定图纸的次序。

在图纸目录编号项的第一行，可以看到图号"01"。其中："01"表示为施工图的第一张。

7.1.3.2　设计说明

设计说明的内容根据建筑物的复杂程度有多有少，但不论内容多少，必须说明设计依据、建筑规模、建筑物标高、构造做法和对施工的要求等。下面以"建筑设计总说明"为例，介绍读图方法。

（1）设计依据　包括各种规范、图集以及政府的有关批文。批文主要有两个方面的内容：一是立项，二是规划许可证等。

（2）建筑规模　主要包括占地面积和建筑面积。这是设计出来的图纸是否满足规划部门要求的依据。

（3）标高　在房屋建筑中，规范规定用标高表示建筑物的高度。建筑设计说明中要说明相对标高与绝对标高的关系，例如，"相对标高 ±0.000 等于绝对标高值（黄海系）5.500m"，这就说明该建筑物底层室内地面设计在比青岛外的黄海海平面高 5.500m 的水平面上。

（4）构造做法　构造做法的内容比较多，包括地面、楼面、墙面等的做法。需要读懂说明中的各种数字、符号的含义。例如，工程做法中有关散水的说明：①150mm 厚 C20 细石混凝土面层，撒 1∶1 水泥砂子压实感光；②150mm 厚粒径为 5～32mm 卵石灌 M2.5 混合砂浆宽出面层 60mm；③素土夯实，向外坡 3%。

（5）施工要求　施工要求包含两个方面的内容，一是要严格执行施工验收规范中的相关规定，二是对图纸中不详之处的补充说明。

7.1.4　建筑施工图示例

如图 7-2～图 7-10 所示为××学院工程的部分建筑施工图。按照三视图的看图方法，可根据平面图上的轴线尺寸等，确定立面图、剖面图上构件的具体位置和大小，实现施工图二维到三维的转换。

图 纸 目 录

序号	图 纸 名 称	备注
01	图纸目录、门窗表	A3
02	一层平面图	A3
03	二层平面图	A3
04	三层平面图(未提供)	A3
05	屋顶平面图 楼梯间屋面平面图	A3
06	①～⑤立面图	A3
07	⑤～①立面图(未提供)	A3
08	ⓐ～ⓔ立面图	A3
09	ⓔ～ⓐ立面图(未提供)	A3
10	1—1剖面图	A3
11	楼梯平面详图	A3
12	楼梯剖面详图	A3
13	节点详图(未提供)	A3

门 窗 表

名称	编号	洞口尺寸 宽/mm	洞口尺寸 高/mm	数量	备注
门	M-1	1800	2700	1	成品防盗门
	M-2	1200	2700	1	弹簧门
	M1027	1000	2700	18	平开木门
	M0827	800	2700	6	平开木门
	M1227	1200	2700	2	铝合金推拉门
	乙FM-1	1500	2100	1	木质防火门
窗	LTC1818	1800	1800	3	铝合金推拉窗(80系列)
	LTC1518	1500	1800	2	铝合金推拉窗(80系列)
	LTC1522	1500	2200	4	铝合金推拉窗(80系列)
	LTC1218	1200	1800	5	铝合金推拉窗(80系列)
	LTC1222	1200	2200	8	铝合金推拉窗(80系列)
	LTC0918	900	1800	2	铝合金推拉窗(80系列)
	LTC0922	900	2200	4	铝合金推拉窗(80系列)
	ZC	900	1800	2	铝合金推拉窗(80系列)
	LTC-1	1800	2200	4	铝合金推拉窗(八角)
	LTC-2	900	10250	1	分格窗

××学院	比例	1:100
	图号	01
班级学号		图纸目录
绘 图		门窗表
审 核		

图 7-2 图纸目录及门窗表

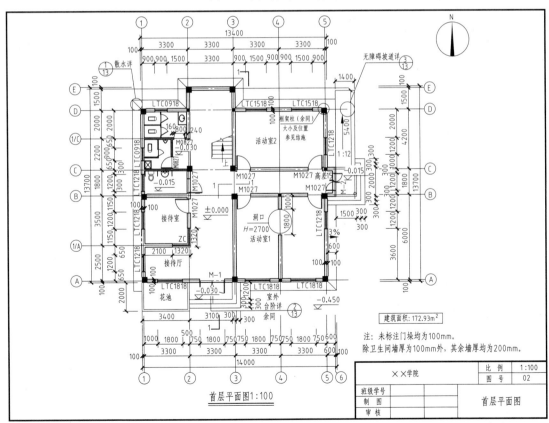

图 7-3 首层平面图

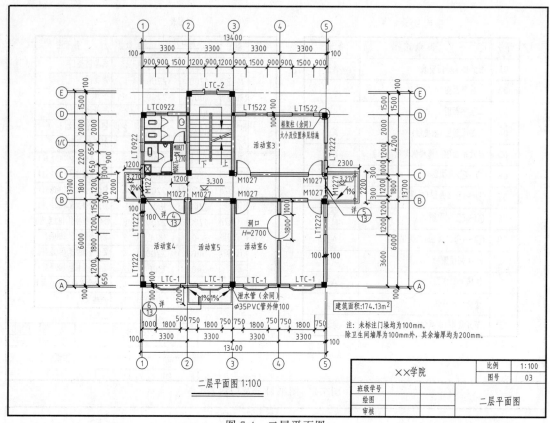

图 7-4　二层平面图

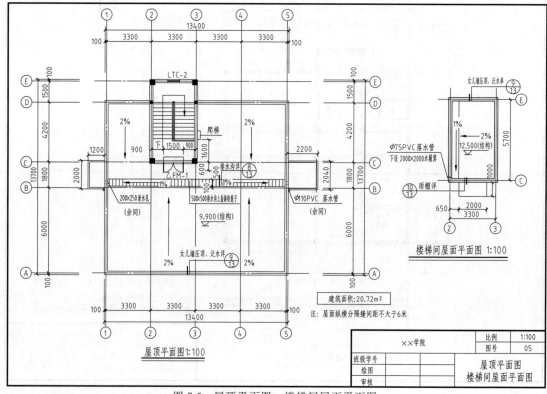

图 7-5　屋顶平面图、楼梯间屋面平面图

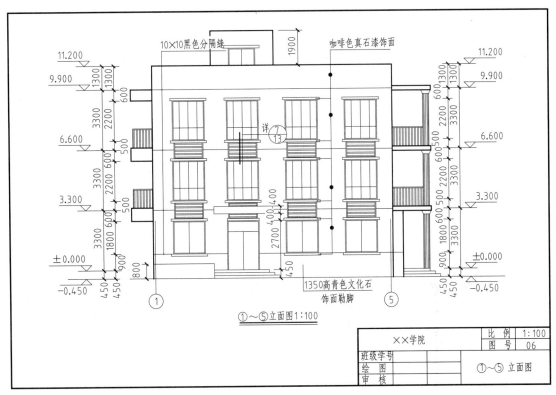

图 7-6 ①～⑤立面图

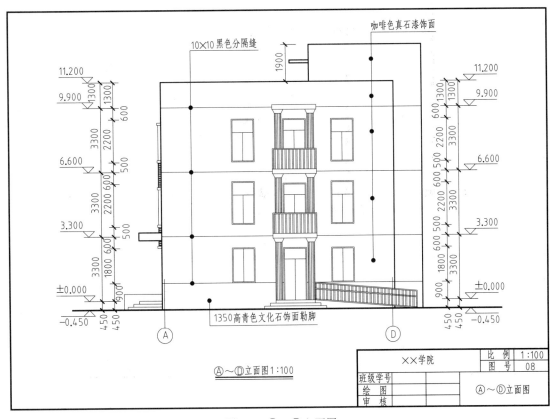

图 7-7 Ⓐ～Ⓓ立面图

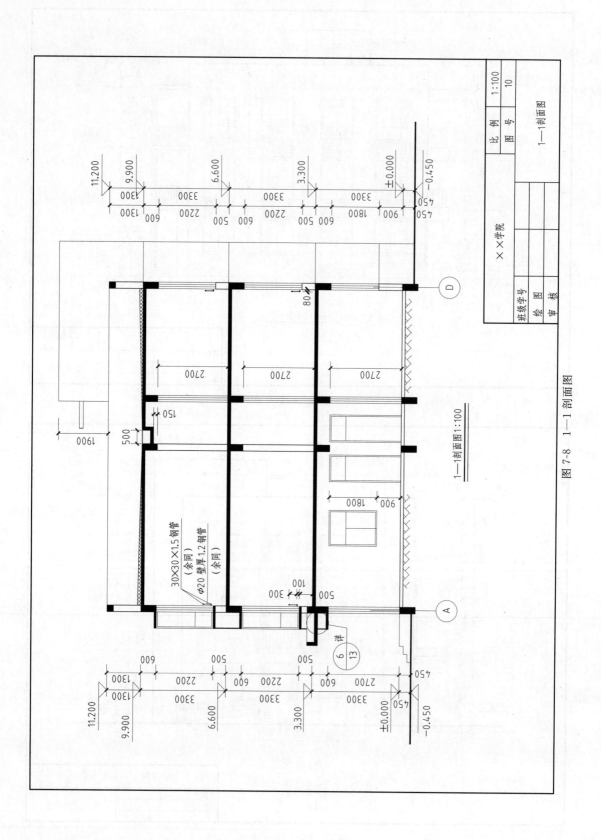

图 7-8 1—1 剖面图

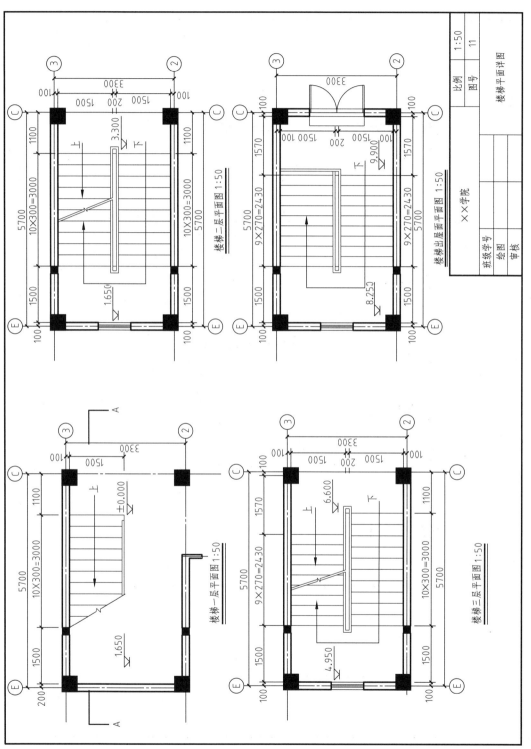

图 7-9 楼梯平面详图

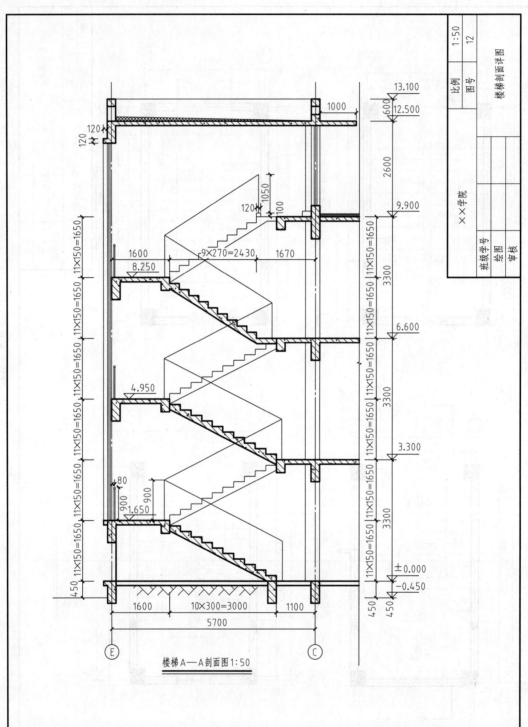

楼梯A—A剖面图1:50

图 7-10　楼梯剖面详图

任务 7.2　建筑总平面图

7.2.1　建筑总平面图概述

　　一项建筑工程，可能有一栋建筑，几栋建筑，甚至很多栋建筑，在有多栋建筑物的情况下，如何去了解建筑物之间的相互位置关系，以及建筑物与周边的道路、环境、地形等情况，这个时候就需要一张能够反映整个工程全貌的图纸，这就是建筑总平面图。所谓总平面图，就是假想人站在建好的建筑物上空，将新建工程四周一定范围内的新建、拟建、原有和需拆除的建筑物、构筑物及其周围的地形、地物，用直接正投影法和相应的图例画出的图样。

　　总平面图表达了建筑的总体布局及其与周围环境的关系，是新建建筑定位、放线及布置施工现场的依据。

二维码 7.2

7.2.2　建筑总平面图常用图例

　　由于建筑总平面图表达的内容较多，面积也较大，因此所采用的绘图比例也较小，常用的绘图比例有 1∶500、1∶1000、1∶2000。总平面图上表达一些具体的建筑物或构筑物等常用的图例如表 7-1 所示。

表 7-1　总平面图图例

序号	名称	图例	说明
1	新建的建筑物	⋮(3F)	1. 粗实线表示； 2. 需要时,可在图内右上角以点或数字(高层宜用数字)表示层数
2	原有的建筑物		用细实线表示
3	计划扩建的预留地或建筑物		用中虚线表示
4	拆除的建筑物		用细实线表示
5	铺砌场地		
6	敞棚或敞廊		
7	围墙及大门		
8	填挖边坡		边坡较长时,可在一端或两端局部表示
9	护坡		边坡较长时,可在一端或两端局部表示

序号	名称	图例	说明
10	室内标高	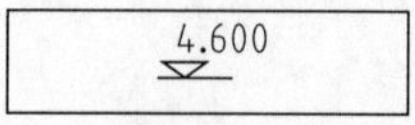 4.600	
11	室外标高	 143.000	
12	新建的道路	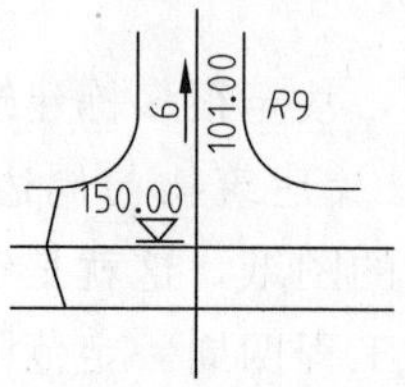 150.00	1. "R9"表示道路转弯半径为9m, "6"为纵向坡度, "150.00"为道路标高, "101.00"为变坡点间距离; 2. 图中斜线为道路断面示意, 根据实际需要绘制
13	新建的道路	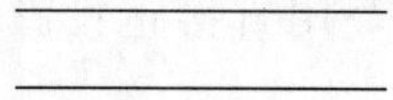	
14	计划扩建的道路		
15	拆除的道路	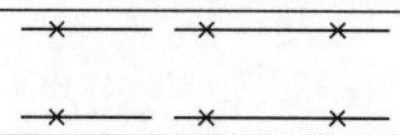	
16	人行道	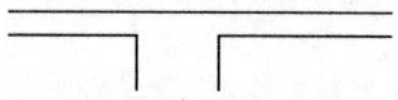	
17	草地		
18	雨水井		

总平面图中, 粗实线用来表达新建建筑物±0.000高度的可见轮廓线; 中实线表达新建构筑物、道路、桥涵、围墙、边坡、挡土墙等的可见轮廓线和新建建筑物±0.000高度以外的可见轮廓线; 中虚线表达计划预留建 (构) 筑物等轮廓; 原有建筑物、构筑物、建筑坐标网格等以细实线表示。

7.2.3 建筑定位

建筑施工过程中, 确定某栋建筑物在地块中的位置, 一般通过建筑总平面图, 而总平面图中则通过尺寸或坐标来对建筑进行定位, 通常主要建筑物、构筑物用坐标定位, 较小的建筑物、构筑物可用相对尺寸定位, 均以 "m" 为单位, 注至小数点后两位。

对于坐标, 如果测量提供的大地坐标能够较方便地使用, 优先采用测量坐标来进行定位, 但实际工程中, 建筑物、构筑物平面主要方向与测量坐标网经常会出现不平行情况, 这时如果仍然采用测量坐标进行定位, 表达就较为烦琐, 坐标计算也较为复杂, 此时可引入建筑坐标。两种坐标如下:

测量坐标: 与地形图同比例的 50m×50m 或 100m×100m 的方格网。X 为南北方向轴线; X 的增量在 X 轴线上; Y 为东西方向轴线, Y 的增量在 Y 轴线上, 测量坐标网交叉处画成十字线, 如图 7-11 所示。

建筑坐标: 建筑物、构筑物平面两方向与测量坐标网不平行时常用。A 轴相当于测量

坐标中的 X 轴，B 轴相当于测量坐标中的 Y 轴，选适当位置作坐标原点，画垂直的细实线。若同一总平面图上有测量和建筑两种坐标系统，应注明两种坐标的换算公式，如图 7-11 所示。

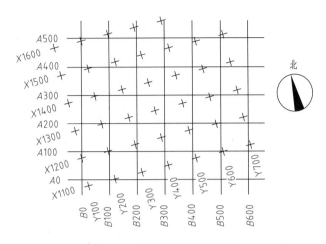

图 7-11　总平面图的坐标定位

尺寸定位一般是选取新建建筑相对原有并保留的建（构）筑物的相对尺寸定位，如距离某个已有建筑具体尺寸。总平面图中除了需要定位建筑的位置外，也要对建筑的尺寸进行标注，不过一般不需要标注很详细，只要标注新建建（构）筑物的总长和总宽，因为具体的尺寸在施工图中会有反映。

7.2.4　总平面图的图示内容

总平面图的图示内容主要包括以下几方面的内容。

7.2.4.1　红线

（1）道路红线　指规划的城市道路（含居住区级道路）用地的边界线。在红线内不允许建任何永久性建筑。

（2）用地红线　指的是围起某个地块的一些坐标点连成的线，红线内土地面积就是取得使用权的用地范围，是各类建筑工程项目用地的使用权属范围的边界线。

（3）建筑红线　也称为建筑控制线，意思是有关法规或详细规划确定的建筑物、构筑物的基底位置不得超出的界线。指建筑物基底退后用地红线、道路红线等一定距离后的建筑基底位置不能超过的界线，退让距离及各类控制管理规定应按当地规划部门的规定执行。

7.2.4.2　标高

标高一般分为相对标高和绝对标高，以米（m）为单位，标注至小数点后两位。总平面图中标注的标高为绝对标高，其他图中标注相对标高。两种标高的定义如下：

（1）绝对标高　我国把青岛附近的黄海平面定为绝对标高的零点，其他各地标高以此作为基准。

（2）相对标高　在房屋建筑设计与施工图中一般都采用假定的标高，并且把房屋的首层室内地面的标高，定为该工程相对标高的零点，其余位置的标高都采用相对于此位置的标高。

7.2.4.3　指北针或风向玫瑰图

总平面图一般应按上北下南的方向绘制，并绘出指北针或风向玫瑰图。

指北针用于表明方向，可以看出建筑的朝向。其规定画法：直径 24mm，线宽 0.25b，指针尾部宽为 3mm，指针头部指向北方，应标注为"北"或"N"。如图 7-12（a）所示。

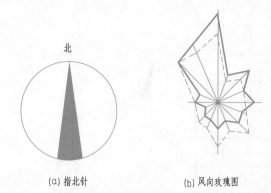

需要表明各方向的风向频率时可采用风向频率玫瑰图（简称风玫瑰图）表示，如图 7-12（b）所示，它是用来表示风向和风向频率。所谓风向频率是在一定时间内各种风向（已统计到 16 个风向）出现的次数占所有观察次数的百分比。一般是根据各方向风的出现频率，以相应的比例长度（即极坐标系中的半径）表示，描在用 8 个或 16 个方位所表示的极坐标图上，然后将各相邻方向的端点用直线连接起来，绘成一个形如玫瑰的闭合折线。从风向玫瑰图可以直观判断出一个地区常年刮哪种风比较多，为进行规划总平面图的布置提供一定的参考。

（a）指北针　　　　　（b）风向玫瑰图

图 7-12　指北针和风向玫瑰图

7.2.4.4　等高线

为了表达地势之间的起伏与高低关系，总平面图上还会绘制等高线。所谓等高线是将地形图上高程相等的相邻各点所连成的闭合曲线。绘制时是把地面上海拔相同的点连成闭合曲线，并垂直投影到一个水平面上，并按比例缩绘在图纸上，就得到等高线。

7.2.4.5　道路与绿化

道路与绿化是主体的配套工程。从道路了解建成后的人流方向和交通情况，从绿化可以看出建成后的绿化情况。由于比例比较小，总平面图中的道路只能表示出道路与建筑物的关系，不能作为道路施工的依据。

7.2.4.6　其他

总平面图中除了表示以上内容外，一般还有挡土墙、围墙、水沟、池塘等与工程有关的内容。

7.2.5　总平面图的技术经济指标

技术经济指标是指国民经济各部门、建设单位、规划部门对各种物资、资源利用状况及其结果的度量标准。它是技术方案、技术措施、技术政策的经济效果的数量反映。不同的建筑设计对技术经济指标有着不同的要求。总平面图中的主要技术经济指标如下：

（1）用地面积　建设项目报经城市规划行政主管部门取得用地规划许可后，经国土资源行政主管部门测量确定的建设用地土地面积，是指用地红线范围内的土地面积总和。

（2）建筑占地面积　指建筑物所占有或使用的土地水平投影面积，计算一般按底层建筑面积。

（3）建筑总面积　亦称建筑展开面积，它是指建筑外墙勒脚以上外围水平面测定的各层平面面积。

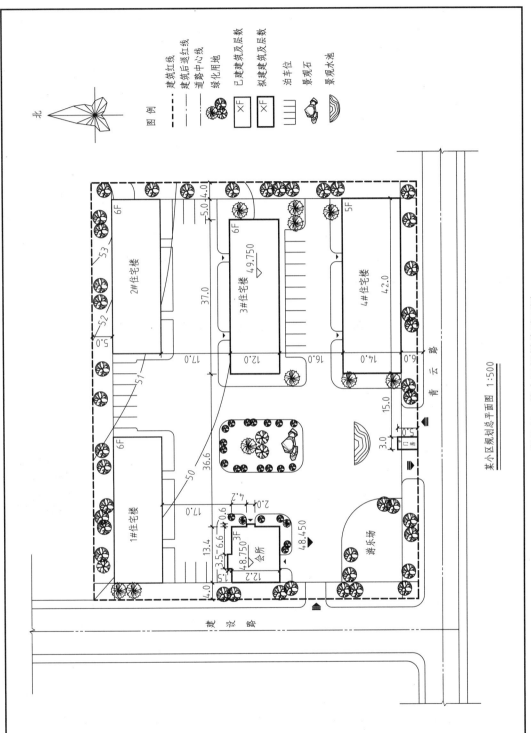

某小区规划总平面图 1:500

图 7-13 某小区规划总平面图

（4）容积率　项目用地范围内地上总建筑面积（但必须是±0.000标高以上的建筑面积）与项目总用地面积的比值。

（5）建筑密度　指在一定范围内，建筑物的基底面积总和与总用地面积的比例（%）。它反映了建筑物的覆盖率，用地范围内所有建筑的基底总面积（占地面积）与规划建设用地面积之比（%），它可以反映出一定用地范围内的空地率和建筑密集程度。

（6）绿地率与绿化覆盖率　绿地面积与土地面积之比可称为绿地率。绿化覆盖率指绿化垂直投影面积之和与小区用地的比率，相对而言比较宽泛，大致长草的地方都可以算作绿化，所以绿化覆盖率一般要比绿地率高一些。

7.2.6　案例分析

图7-13为某小区规划总平面图，项目周围粗虚线所示为建筑红线，建筑后退红线和道路中心线见图中所示，该项目室外地面的绝对标高为48.450m。从图中可以看到项目北侧1#住宅楼、2#住宅楼为已建建筑，层数为6层，其余会所、3#住宅楼、4#住宅楼为拟建建筑，层数分别为3层、6层、5层，拟建建筑的总尺寸与高度见图中所示。图中"50""51""52""53"为等高线。其余图例则见图中说明。

任务7.3　建筑平面图

7.3.1　建筑平面图的形成与用途

7.3.1.1　建筑平面图的形成

取沿各层的门、窗洞口（通常离本层楼、地面约1.2m，在上行的第一个梯段内，可取窗台上沿）的水平剖切面，将建筑剖开成若干段，并将其用直接正投影法投射到H面的剖面图，即为相应层平面图。各层平面图只是相应"段"的水平投影。

二维码7.3

沿首层房屋窗台上沿剖切投影得首层平面图。沿二层窗台上沿剖切投影得二层平面图，以此类推，可得到三层平面图、四层平面图等，若中间各层平面组合、结构布置、构造情况等完全相同，只画一个具有代表性的平面图，即"标准层平面图"。将建筑通过其顶层门窗洞口水平剖开，所得到平面图称为顶层平面图，将房屋直接从上向下进行投射所得到的平面图为屋顶平面图。一般房屋至少有底层平面图、标准层平面图和屋顶平面图。

7.3.1.2　建筑平面图的用途

建筑平面图能够较全面且直观地反映建筑物的平面形状与大小，内部布置，墙（或柱）的位置、厚度、材料，门窗的位置、大小、开启方向，内外交通联系，采光通风处理，构造做法等基本情况。同时也是建筑施工图的主要图纸之一，是后续专业（结构、设备等）设计、概预算、备料及施工中放线、砌墙、设备安装等的重要依据。

7.3.2 建筑平面图的图示内容和规定画法

7.3.2.1 图示内容

建筑平面图的图示内容通常包括：建筑物的平面形状；墙、柱的位置、尺寸、材质、形式；电梯、楼梯位置大小，楼梯上下方向及主要尺寸；属于本层的构配件和固定设施的位置；主要楼面、地面及其他平台、板面的完成面的标高；门窗的代号和编号等。

各层图示的主要内容有：

（1）首层平面图　首层平面图中除表示出本层的房间布置及墙、柱、门窗等构配件的位置、尺寸以外，还要表示出与本建筑有关的台阶、散水、花池及垃圾箱等的水平外形图，剖视图的剖切位置、投射方向编号、室外地坪标高，指北针等。如图7-3所示。

（2）标准层平面图　标准层平面图要表示出本层的房间布置及墙、柱、门窗等构配件的位置、尺寸以外，还应表示下面一层的雨篷、窗楣等构件水平外形图。

（3）屋顶平面图　屋顶平面图需要表明屋面排水情况和突出屋面构造做法等，女儿墙、檐沟、屋面坡度、分水线与落水口、变形缝、楼梯间、水箱间、天窗、上人孔、消防梯及其他构筑物、索引符号等。

7.3.2.2 尺寸标注

建筑平面图中的尺寸分外部尺寸和内部尺寸。

（1）外部尺寸　外部尺寸包括外墙三道尺寸（总尺寸、定位尺寸、细部尺寸）及局部尺寸。具体如下：

总尺寸：最外一道尺寸，即两端外墙外侧之间的距离，也叫作外包尺寸。

定位尺寸：中间一道尺寸，是两相邻轴线间的距离，也称之为轴线间尺寸，即房间的开间与进深尺寸，例如图7-3中的"活动室1"，开间为3300mm，进深为6000mm。

细部尺寸：最里面一道尺寸，表示外墙上门窗洞口、墙段等位置的尺寸。

局部尺寸：建筑室外的台阶、花台、散水等位置的尺寸。

（2）内部尺寸　表示内墙上的门窗洞口、墙垛位置、内墙厚度、柱位置以及室内固定设备位置的尺寸。

7.3.2.3 常见图例

为了绘图简便、表达清晰起见，"国标"规定了一系列的图形符号来代表建筑构件、卫生设备等，这种图形符号称为图例，如表7-2所示。

（1）门窗代号　窗一般采用代号"C"表示，门用"M"来表示。同一规格的门或窗均各编一个号，以便统计列门窗表，如"C3"表示编号为3的窗，"M5"表示编号为5的门。也有用标准图集中的门窗代号标注，如X-0924（西南J601全板镶板门900×2400）。平面图中门窗等常见图例的表达方法见表7-2。

表7-2　房屋施工图常见图例

序号	名称	图例	说明
1	墙体		1. 上图为外墙,下图为内墙; 2. 外墙细线表示有保温层或有幕墙; 3. 应加注文字或涂色或图案填充表示各种材料的墙体; 4. 在各层平面图中防火墙宜着重以特殊图案填充表示

序号	名称	图例	说明
2	楼梯	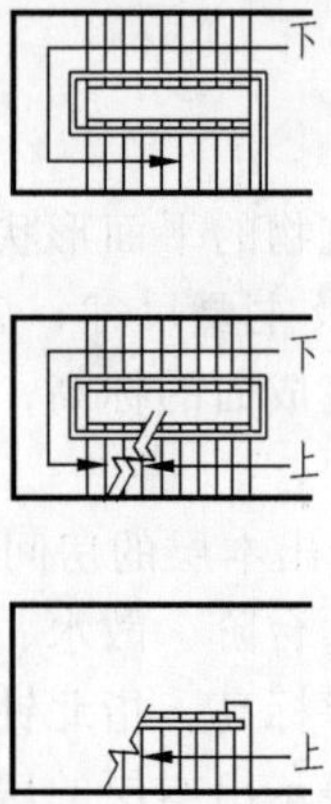	1. 上图为顶层楼梯平面,中图为中间层楼梯平面,下图为底层楼梯平面; 2. 需设置靠墙扶手或中间扶手时,应在图中表示
3	空门洞	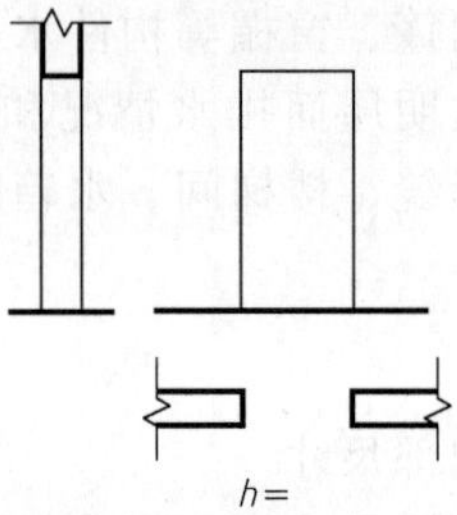 $h=$	h 为门洞高度
4	单扇平开或单向弹簧门	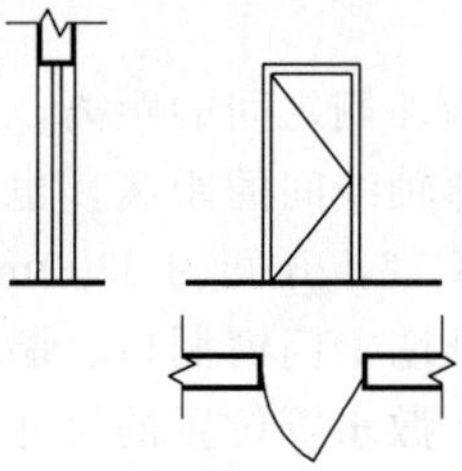	1. 门的名称代号用 M 表示; 2. 平面图中,下为外、上为内,门开启线为 90°、60°或 45°; 3. 立面图中,开启线实线为外开,虚线为内开,开启线交角的一侧为安装合页一侧,开启线在建筑立面图中可不表示,在立面大样图中可根据需要绘出; 4. 剖面图中,左为外,右为内; 5. 附加纱扇应以文字说明,在平、立、剖面图中均不表示; 6. 立面形式应按实际情况绘制
	单扇平开或双向弹簧门	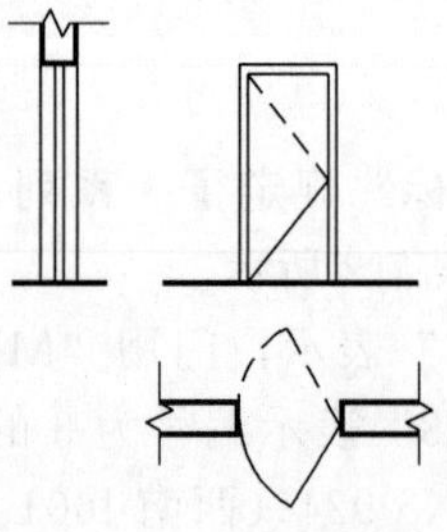	
	双层单扇平开门	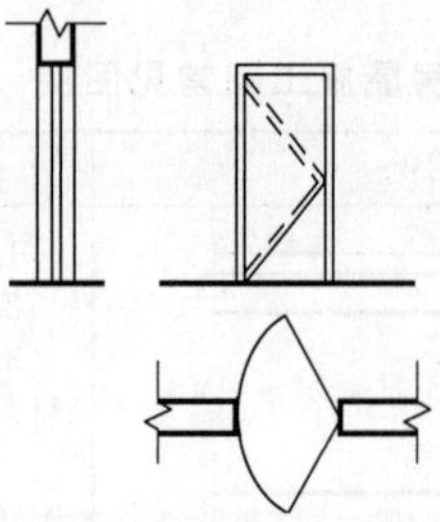	

序号	名称	图例	说明
5	单面开启双扇门 （包括平开或单面弹簧）	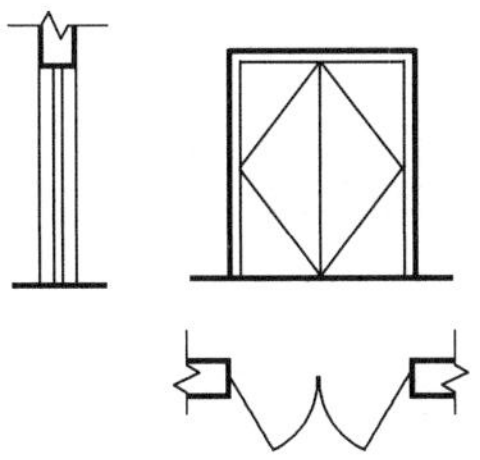	1. 门的名称代号用 M 表示； 2. 平面图中，下为外、上为内，门开启线为 90°、60°或 45°； 3. 立面图中，开启线实线为外开，虚线为内开，开启线交角的一侧为安装合页一侧，开启线在建筑立面图中可不表示，在立面大样图中可根据需要绘出； 4. 剖面图中，左为外，右为内； 5. 附加纱扇应以文字说明，在平、立、剖面图中均不表示； 6. 立面形式应按实际情况绘制
	双面开启双扇门 （包括双面平开或双面弹簧）	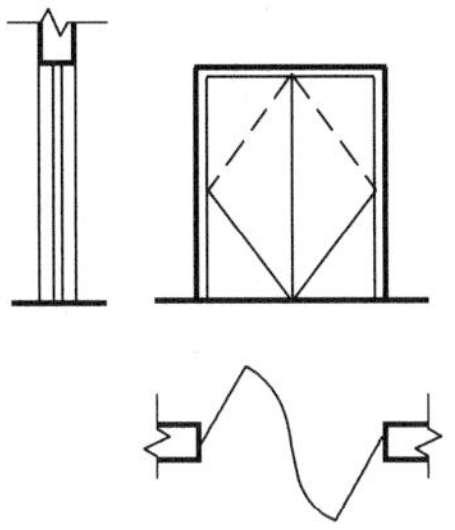	
	双层双扇平开门	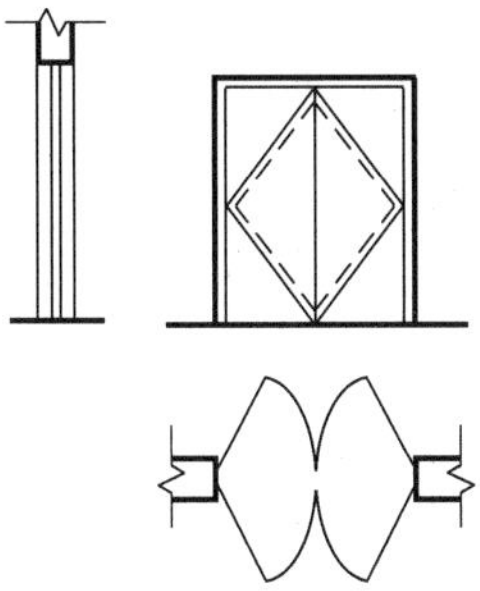	
6	固定窗	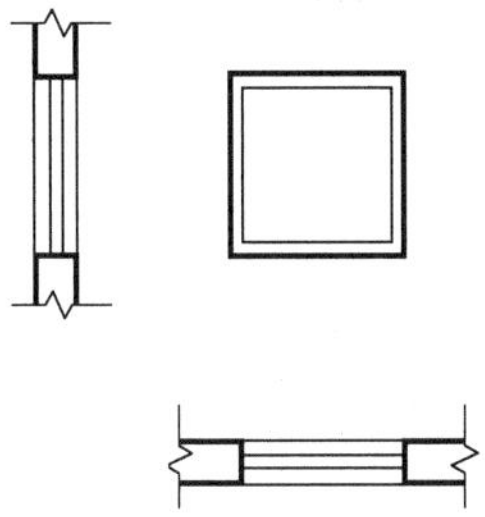	1. 窗的名称代号用 C 表示； 2. 平面图中，下为外、上为内； 3. 立面图中，开启线实线为外开，虚线为内开，开启线交角的一侧为安装合页一侧，开启线在建筑立面图中可不表示，在门窗立面大样图中需绘出； 4. 剖面图中，左为外，右为内，虚线仅表示开启方向，项目设计不表示； 5 附加纱窗应以文字说明，在平、立、剖面图中均不表示； 6. 立面形式应按实际情况绘制
7	上悬窗	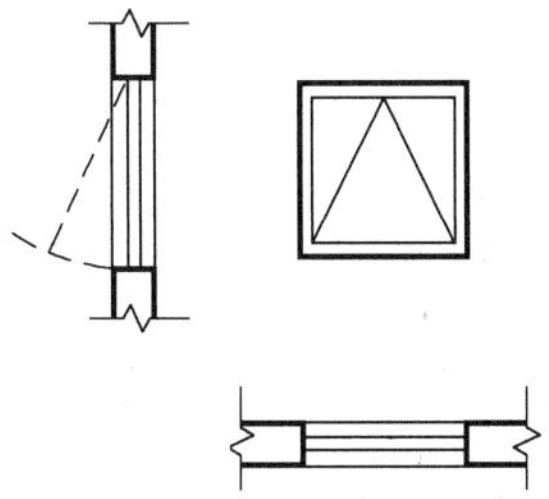	

序号	名称	图例	说明
7	中悬窗	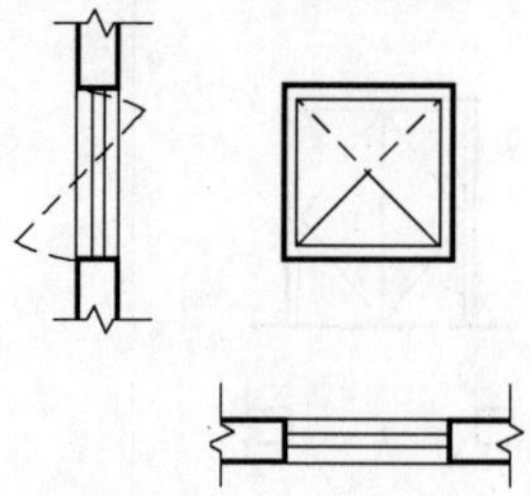	
8	下悬窗	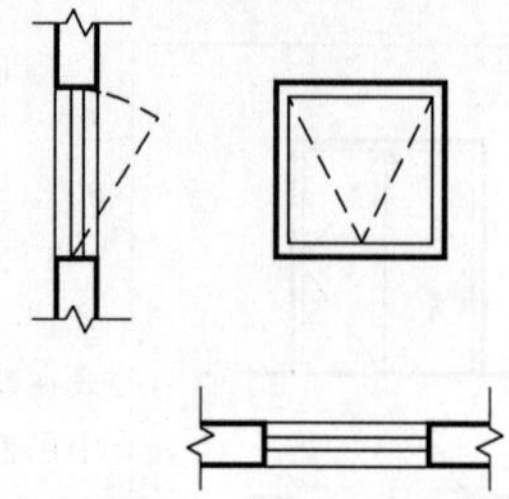	
9	立转窗	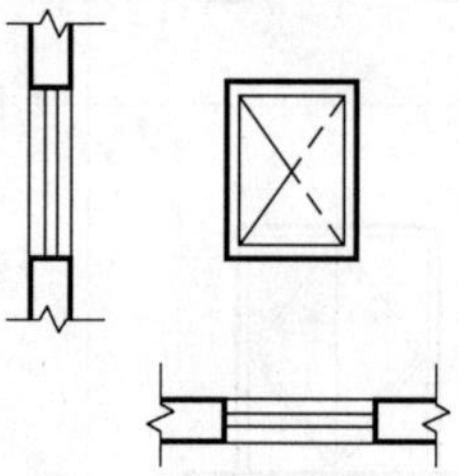	1. 窗的名称代号用 C 表示； 2. 平面图中，下为外，上为内； 3. 立面图中，开启线实线为外开，虚线为内开，开启线交角的一侧为安装合页一侧，开启线在建筑立面图中可不表示，在门窗立面大样图中需绘出； 4. 剖面图中，左为外，右为内，虚线仅表示开启方向，项目设计不表示； 5 附加纱窗应以文字说明，在平、立、剖面图中均不表示； 6. 立面形式应按实际情况绘制
	单层外开平开窗	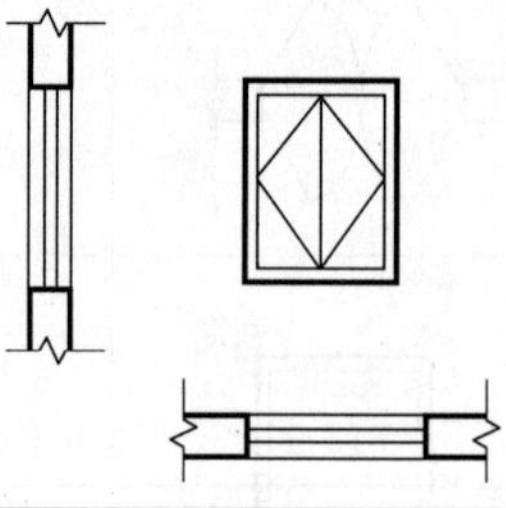	
10	单层内开平开窗	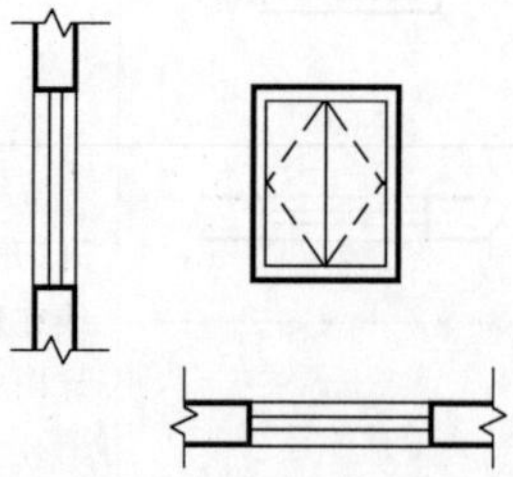	
	双层内外开平开窗	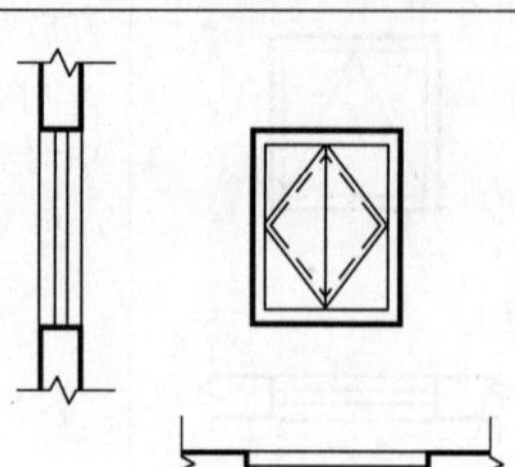	

序号	名称	图例	说明
11	单层推拉窗	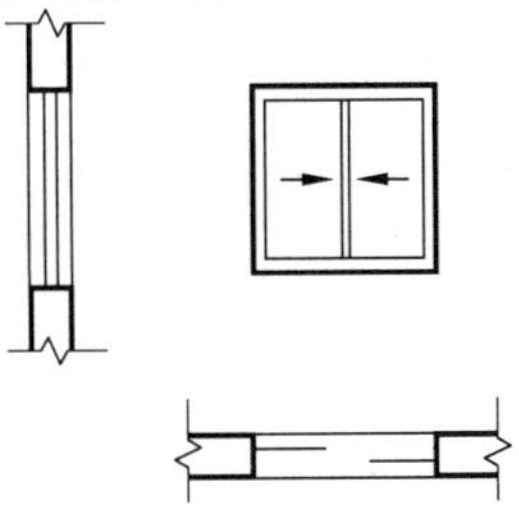	1. 窗的名称代号用C表示； 2. 立面形式应按实际情况绘制
12	高窗	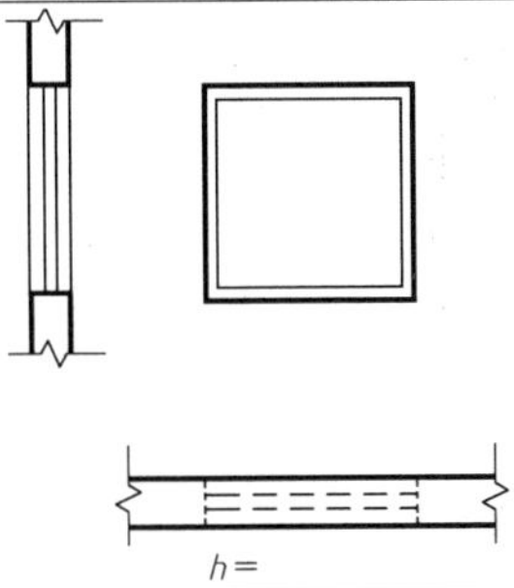 $h=$	1. 窗的名称代号用C表示； 2. 立面图中，开启线实线为外开，虚线为内开，开启线交角的一侧为安装合页一侧，开启线在建筑立面图中可不表示，在门窗立面大样图中需绘出； 3. 剖面图中，左为外，右为内； 4. 立面形式应按实际情况绘制； 5. h 表示高窗底距本层地面标高； 6. 高窗开启方式参考其他窗型
13	洗脸盆		
14	污水池		
15	坐式大便器		
16	蹲式大便器	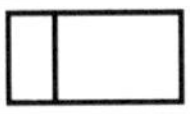	

（2）标高　由于用途与要求不同，同一楼层内各种房间地面不一定在同一个水平面上，在建筑平面图中，各部位的标高均为标注相应楼地面的相对标高，且为装修后的完成面标高，底层还应标注室外地坪等标高。标高图例可见图7-15所示，从图7-15（c）中可以看出室内地面标高为3.300，卫生间地面标高为3.270。

（3）剖切符号、指北针、房间名称　剖切符号、指北针只在底层平面图中标注。平面图应注写房间名称或表示房间名称的编号，若采用后者，图中必须进行说明。如①—活动室，②—接待室。

7.3.2.4　比例

建筑平面图的常用绘图比例有：1：50、1：100、1：150、1：200、1：300。其中1：100最为常见，可根据建筑具体情况选择相应绘图比例。

7.3.2.5　定位轴线

定位轴线是用来确定主要承重构件（墙、柱、梁）的位置及尺寸标注的基准。定位轴线为细点画线。编号注写在轴线端部的圆内。轴线编号圆直径为8～10mm，采用细实线绘制，横向或横向墙编号为阿拉伯数字，从左到右顺序编号；竖向或纵向墙编号用大写拉丁字母，自下而上顺序编写。注意拉丁字母中的I、O、Z不得作轴线编号，避免与1、0、2混淆。

除了主轴线之外，对于一些附属构件尺寸的定位可采用附加轴线来进行定位，附加轴线位于两道主轴线之间，用分数表示，分子为附加轴线编号，用阿拉伯数字顺序编写，分母为前一轴线编号，如 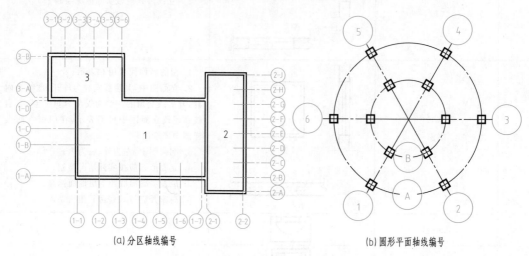 表示 2 轴线以后附加的第 1 根轴线。

对于一些特殊的建筑平面，比如体量较大的建筑，轴线较多的情况下可以采用分区编号的方式，一个区域加编一个号，即在轴线前面加一个区号：分区号＋轴线编号，见图 7-14 (a)。或者是圆形平面图形，编号径向宜用阿拉伯数字从左下角开始，逆时针顺序编写，圆周轴线用大写拉丁字母自外向内顺序编写，如图 7-14 (b) 所示。

(a) 分区轴线编号　　　　　　　　　　(b) 圆形平面轴线编号

图 7-14　特殊建筑平面图的轴线编号

7.3.3　建筑平面图的绘制

7.3.3.1　线型

绘制建筑平面图时所采用的线型如下。

（1）粗实线：被剖切到的主要建筑构件，如承重墙、柱的断面轮廓线及剖切符号。

（2）中实线：被剖切到的次要建筑构件的轮廓线（如隔墙、台阶、散水、门扇开启线）、尺寸起止斜短线。

（3）中虚线：建筑构配件不可见轮廓线。

（4）细实线：其余可见轮廓线及图例、尺寸标注等线。

（5）较简单的图样可用粗实线和细实线两种线宽。

7.3.3.2　绘图步骤

建筑平面图的绘图步骤一般如下。

（1）按开间、进深尺寸画定位轴线；

（2）按墙厚画墙线；

（3）确定柱断面、门窗洞口位置，画门的开启线，窗线定位；

（4）画出房屋的细部，如窗台、阳台、台阶、楼梯、雨篷、室内固定设备等细部；

（5）布置标注：对轴线编号、尺寸标注、门窗编号、标高符号等位置进行安排调整；先标外部尺寸，再标内部和细部尺寸，按要求画字格和数字、字母字高等；

（6）底层平面图需要画出指北针、剖切位置符号及其编号；

（7）认真检查无误后，整理图面，按要求加深、加粗图线；

（8）书写图名、说明、代号、编号等文字。

绘图步骤可见图7-15。

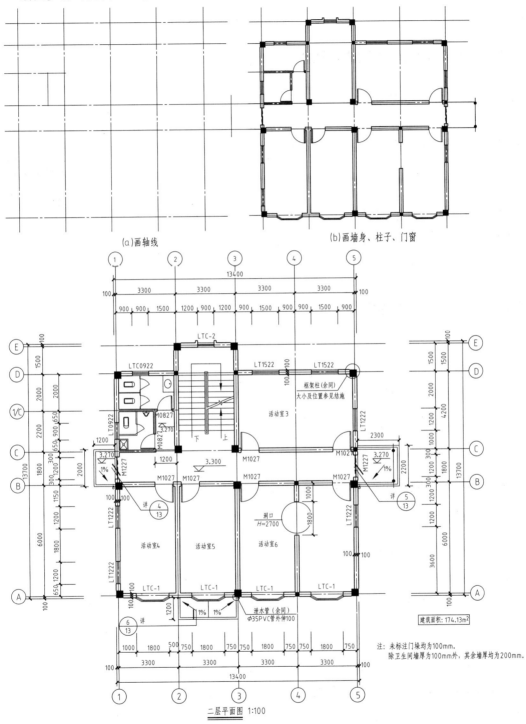

(a)画轴线

(b)画墙身、柱子、门窗

(c)画楼梯、尺寸、编号各各细部并加粗、加深线型

图7-15　建筑平面图绘图步骤

任务 7.4　建筑立面图

7.4.1　建筑立面图的形成与用途

7.4.1.1　建筑立面图的形成

建筑立面图是用正投影法将建筑各侧面投射到与其平行的投影面上的正投影图，建筑立面图能够比较清晰地反映出房屋的外貌特征。

7.4.1.2　建筑立面图的用途

在设计阶段，立面图主要是反映设计师对建筑物的艺术处理。在施工阶段，立面图主要反映房屋的外貌和立面装修的做法，是建筑工程师表达立面设计效果的重要图样，在施工中是外墙面装饰、工程概预算、备料等的依据。

二维码 7.4

7.4.2　建筑立面图的名称

建筑立面图的命名方式有以下几种：

（1）以建筑两端的定位轴线命名，如①～⑦立面图。

（2）以建筑各墙面的朝向命名，如北立面图。

（3）以建筑墙面的特征命名，一般以建筑的主要出入口所在墙面的立面图为主立面图。

7.4.3　建筑立面图的图示内容与规定画法

7.4.3.1　图示内容

（1）图名、比例、两端轴线及编号　在立面图下边应注出图名、比例。立面图的比例、两端轴线及编号应与平面图保持一致。

（2）建筑外貌形状、门窗和其他构配件的形状和位置　立面图表达建筑物各个方向的外貌形状，包括墙、柱、门窗、洞口、台阶、阳台、雨篷、屋顶等部位的立面形状和位置。

（3）外墙立面的分格　通过分格线可以清楚地表达建筑外墙面分格的形状及方向。

（4）外墙的装饰　外墙的装饰材料及颜色一般用指引线引出文字说明。

7.4.3.2　规定画法

建筑立面图的图示比例常见的有：1∶50、1∶100、1∶150、1∶200、1∶300，一般与平面图保持一致。

建筑立面图的定位轴线一般仅表达首尾定位轴线。图中相同的门窗、阳台、外檐装饰、构造做法等可在局部重点表示，绘出其完整图形，其余可只画轮廓线。

立面图中的门窗可按表 7-2 中的图例绘制。外墙面的装饰材料除可画出部分图例外，还应用文字加以说明，如图 7-16（c）所示。

7.4.4　建筑立面图的尺寸及标高标注

7.4.4.1　尺寸标注

立面图中需要标注的尺寸主要包括外部三道尺寸，即高度方向总尺寸、定位尺寸（两层之间楼地面的垂直距离，即层高）和细部尺寸（楼地面、阳台、檐口、女儿墙、台阶、平台等部位）。

7.4.4.2　标高标注

立面图中用标高表示出各主要部分的相对高度，如楼地面、阳台、檐口、女儿墙、台阶、平台等处标高。构件的上顶面标高应注建筑标高（包括粉刷层），构件下底面标高应注结构标高（不包括粉刷层，如雨篷、门窗洞口）。

某建筑立面图如图 7-16 所示。

7.4.5　建筑立面图的绘制

7.4.5.1　线型

粗实线一般用来绘制立面图的外轮廓线；中实线一般用来绘制突出墙面的雨篷、阳台、门窗洞口、窗台、窗楣、台阶、柱、花池等投影；细实线一般用来绘制其余门窗、墙面等分格线、落水管、材料符号引出线及说明引出线等；建筑室外地坪线则采用特粗实线来绘制，室外地坪线两端适当超出立面图外轮廓。

7.4.5.2　绘图步骤

建筑立面图的绘图步骤如下：

（1）画地坪线、根据平面图画首尾定位轴线及外墙线；

（2）依据层高等高度尺寸画各层楼面线（为画门窗洞口、标注尺寸等作参照基准）、檐口、女儿墙轮廓、屋面等横线；

（3）画房屋的细部，如门窗洞口、窗线、窗台、室外阳台、楼梯间超出屋面的小屋或塔楼、柱子、雨水管、外墙面分格等细部的可见轮廓线；

（4）布置标注、标高（楼地面、阳台、檐口、女儿墙、台阶、平台等处标高）、尺寸标注、索引符号等，只标注外部尺寸，也只需对外墙轴线进行编号；

（5）检查无误后整理图面，按要求加深、加粗图线；

（6）书写数字、图名等文字。

绘图步骤可见图 7-16。

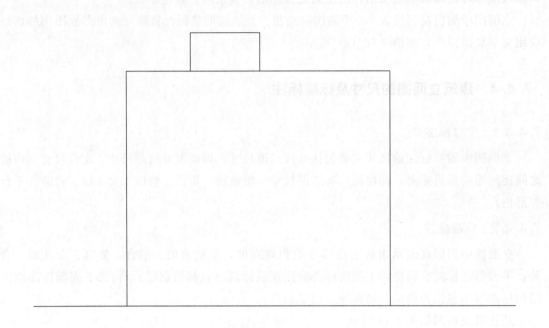

(a)画室外地坪线、外轮廓线等

(b)画各层楼面线、阳台、门窗等

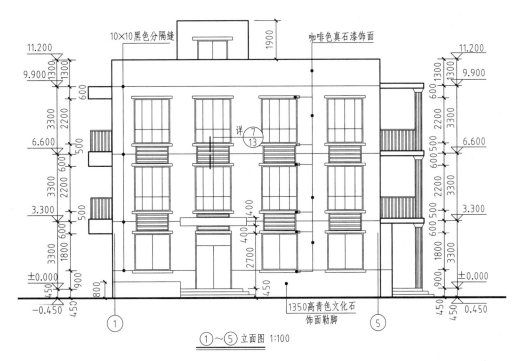

(c)画尺寸、编号等各细部并加粗、加深线型

图 7-16　建筑立面图绘图步骤

任务 7.5　建筑剖面图

7.5.1　建筑剖面图的形成与用途

7.5.1.1　建筑剖面图的形成

二维码 7.5

　　用一个假想的平行于房屋某一外墙轴线的铅垂剖切平面,从上到下将房屋剖切开,将需要留下的部分向与剖切平面平行的投影面作正投影,由此得到的图称为建筑剖面图,简称剖面图。

　　在选择剖切面的位置时,应选择能反映建筑物全貌、构造特征及具有代表性的部位,如通过楼梯间梯段、门窗洞口剖切建筑物。房屋被剖切到的部分应完整、清晰地表达出来,然后自剖切位置向剖视方向看,将所看到的全部画出来,不论其距离远近均不能漏画。

7.5.1.2　用途

　　剖面图同平面图、立面图一样,是建筑施工图中最重要的图纸之一,主要用来表示建筑物内部的结构形式、分层情况、各部分的竖向联系、材料及高度等。

7.5.2 建筑剖面图的图示内容与规定画法

7.5.2.1 图示内容

建筑剖面图表达的内容主要有：

（1）图名、比例、定位轴线　剖面图的比例、定位轴线及编号应同平面图一致。通过图名的编号，在底层平面图中可以找到对应的剖切位置和投射方向。

（2）反映房屋内部的分层、分隔情况　剖面图可以清晰地反映建筑物内部分层情况、建筑物的层高、房间的进深、内墙分隔以及走道宽度等。

（3）反映被剖切到的部位的断面情况　包括被剖切到的房间、墙体、门窗、地面、屋顶、阳台、各种梁、板等的断面情况。

（4）表达未剖到的可见部分　在剖面图中，除应画出被剖切到的建筑构配件的断面外，还应画出未被剖切到但能看得见的部分，包括墙、柱等构件。

（5）索引符号　剖面图中不能详细表示清楚的部位，应画出详图索引符号，另用详图表示，如图 7-17（c）中标注的 所示。

7.5.2.2 规定画法

建筑剖面图一般采用标注在 ±0.000 平面图上剖切符号一致的数字或字母来命名，如 1—1 剖面图。

常用的绘图比例有：1∶50、1∶100、1∶150、1∶200、1∶300，一般同平面图、立面图保持一致。

此外，凡是被剖切到的墙、柱及剖面图两端的定位轴线均需要绘制出来。

建筑剖面图中凡是被剖切到的部位需要用相应的材料图例进行填充，例如剖切到的砌体可使用普通砖的图例进行填充，混凝土结构中剖切到的梁、板、承重墙柱等可采用钢筋混凝土的图例进行填充，如果填充区域较小，也可采用实心的图例进行填充，各种填充图例的表达方式可见前面教学单元中剖面图、断面图的相关讲解。

7.5.3 尺寸及标高标注

7.5.3.1 尺寸标注

剖面图中的尺寸包括外部尺寸和内部尺寸两种

（1）外部尺寸　剖面图中外部高度方向的尺寸和标注方法同立面图一致，也有三道尺寸，标注内容同立面图。

（2）内部尺寸　内部尺寸用来表示地坑深度和隔断、搁板、平台、墙裙及室内门、窗等高度等。

7.5.3.2 标高标注

剖面图中标高主要表示室内外地面、各层楼面与楼梯平台、檐口或女儿墙顶面，高出屋面的水箱间顶面、烟囱顶面、楼梯间顶面、电梯间顶面等处的相对标高。

某建筑剖面图如图 7-17（c）所示。

7.5.4 建筑剖面图的绘制

7.5.4.1 线型

粗实线一般用来绘制剖面图中被剖切的主要建筑构件的轮廓线；中实线一般用来绘制被剖切的次要建筑构件的轮廓线；细实线一般用来绘制尺寸线、尺寸界线、图例线、索引符号、标高符号等。

7.5.4.2 绘图步骤

（1）画室内外地坪线、首尾定位轴线、各层楼面、屋面等。

（2）根据房屋的高度尺寸，画被剖切到的墙体断面及未剖切到的墙体等轮廓。

（3）画被剖切到的门窗洞口、阳台、楼梯平台、屋面女儿墙、檐口、各种梁，如门窗洞口上面的过梁、可见的或剖切到的承重梁等的轮廓或断面及其他可见轮廓。

（4）画楼梯、室内固定设备、室外台阶、花池及其他可见的细部。

（5）布置标注：尺寸标注包括水平向被剖切到的墙、柱的轴线间距以及外部高度方向的总高、定位、细部三道尺寸；标高标注包括室外地坪、楼地面、阳台、檐口、女儿墙、台阶、平台等处的标高，标注索引符号等。

（6）检查无误后整理图面，按要求加深、加粗图线。

（7）书写数字、图名等文字。

绘图步骤可见图 7-17。

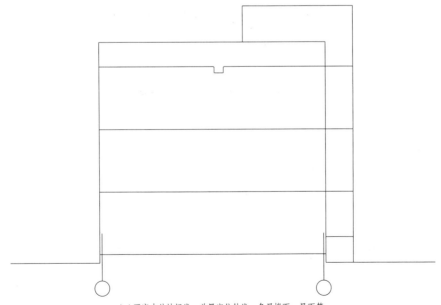

（a）画室内外地坪线、首尾定位轴线、各层楼面、屋面等

图 7-17

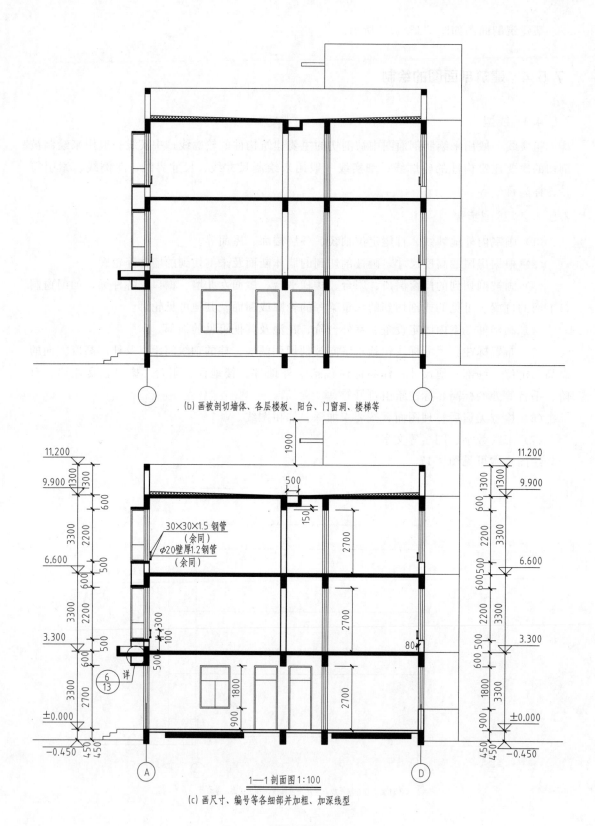

(b) 画被剖切墙体、各层楼板、阳台、门窗洞、楼梯等

30×30×1.5 钢管
（余同）
φ20壁厚1.2钢管
（余同）

1—1 剖面图1:100

(c) 画尺寸、编号等各细部并加粗、加深线型

图 7-17　建筑剖面图绘图步骤

任务 7.6 建 筑 详 图

7.6.1 建筑详图概述

建筑详图是将建筑细部的局部、节点及建筑构配件的形状、大小、材料和做法等用较大的比例详细表示出来的图样，称为建筑详图或大样图，简称详图，它是建筑平面图、立面图、剖面图的补充。由于立面图、平面图、剖面图常用的绘图比例较小，建筑物上许多细部构造无法表示清楚，根据施工需要，必须另外绘制比例较大的图样才能表达清楚。

7.6.1.1 详图的分类

详图分为三类：节点详图、房间详图和构配件详图。具体如下：

（1）节点详图 节点详图是将房屋构造的局部要体现清楚的细节用较大的比例将其断面形状、尺寸、相互关系和建筑材料等绘制出来，并注明详图编号。用来表达某一节点部位的构造、尺寸做法、材料、施工需要等。

（2）房间详图 将需要绘制详图的房间用更大的比例绘制出来的图样，如楼梯详图、单元详图、厨卫详图等。这些房间的构造或固定设施相对比较复杂。

（3）构配件详图 表达某一构配件的形式、构造、尺寸、材料、做法的图样，如门窗详图、雨篷详图、阳台详图等。部分详图可采用国家和某地区编制的建筑构造和构配件的标准图集。

详图的数量一般视需要而定，以能表达清楚为原则。

7.6.1.2 详图特点

（1）大比例 为使图示清晰详细，详图所采用的比例通常较大，常用的比例有 1：1、1：2、1：5、1：10、1：20、1：50 等，在详图上建筑材料图例符号及各层次构造均应画出，如抹灰线等。

（2）全尺寸 图中所画出的各构造，除用文字注写或索引外，都需详细注出尺寸。

（3）详图说明 因详图是建筑施工的重要依据，不仅要用大比例绘制，还必须借助图例和文字表达详尽、清楚，必要时还可以引用标准图。

7.6.1.3 索引符号与详图符号

在施工图中，有时会因为比例问题而无法表达清楚某一局部，为方便施工需另画详图。一般用索引符号注明画出详图的位置、详图的编号以及详图所在的图纸编号。索引符号和详图符号内的详图编号与图纸编号两者对应一致。

（1）索引符号 索引符号的圆和引出线均应以细实线绘制，圆直径为 10mm，引出线应对准圆心。索引符号应按下列规定编号：

① 如果详图与被索引的图样在同一张图纸内，应在索引符号的上半圆中间用阿拉伯数字注明该详图的编号，在下半圆中间画一水平细实线，如图 7-18（a）所示。

② 如果详图与被索引的图样不在同一张图纸内，应在索引符号的上半圆中间用阿拉伯数字注明该详图的编号，在下半圆中间用阿拉伯数字注明该详图所在图纸的图纸号，如图

7-18（b）所示。

③ 索引出的详图，如采用标准图，应在索引符号水平直径的延长线上加注该标准图册的编号，如图 7-18（c）所示。

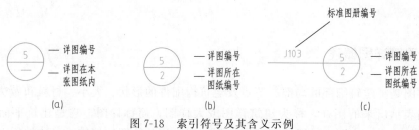

图 7-18　索引符号及其含义示例

当索引符号用于索引剖面详图时，应在被剖切的部位画出剖切位置线（粗短画线），并用引出线引出索引符号，引出线所在一侧为剖视方向。索引符号的编号与上述相同，如图 7-19 所示。

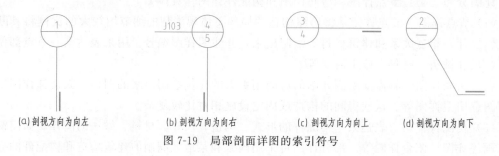

图 7-19　局部剖面详图的索引符号

（2）详图符号　索引出的详图画好之后，应在详图下方进行编号，称为详图符号。详图符号的圆应以粗实线绘制，直径为 14mm，详图符号分为以下两种情况：

① 当详图与被索引的图在同一张图纸上时，详图符号如图 7-20（a）所示。

② 当详图与被索引的图不在同一张图纸上时，详图符号如图 7-20（b）所示。

③ 对于多层构造可采用多层构造索引，多层构造共同引出线应通过被引出各层。说明文字顺序与被说明的层次一致。若层次为横向顺序，则由上至下的说明顺序与从左到右的层次一致。多层索引见图 7-21。

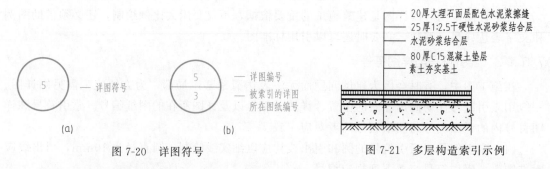

图 7-20　详图符号

图 7-21　多层构造索引示例

7.6.2　建筑外墙详图

（1）形成　用假想剖切面将房屋外墙从上到下剖切开，并用较大比例画出其剖面图，实际上就是房屋剖面图的局部放大。外墙详图常用比例为 1：20，线型同剖面图。

（2）表达内容　外墙详图表达的内容主要有：各层楼板及屋面板等构件的位置及其与墙身的关系；门窗洞口、底层窗下墙、窗间墙、檐口、女儿墙等的高度；室内外地坪、门窗洞的上下口、檐口、墙顶、屋面、楼地面等标高；屋面、楼面、地面等多层次构造；立面装修、墙身防潮、窗台、窗楣、勒脚、踢脚、散水等尺寸。

多层房屋中，当各层情况相同时，可只画底层、顶层、标准层来表示。画图时，往往在窗洞中间处断开，成为几个节点详图的组合。有的也可不画整个墙身详图，而是把各个节点的详图分别单独绘制。

某建筑外墙详图如图 7-22 所示。

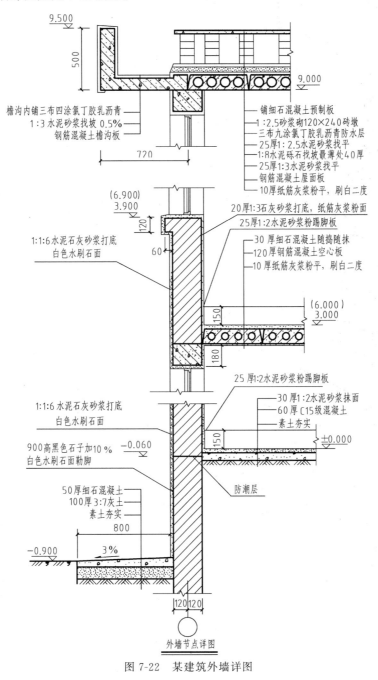

图 7-22　某建筑外墙详图

7.6.3 楼梯详图

7.6.3.1 楼梯及楼梯详图的组成

楼梯通常由梯段、平台、栏杆、扶手几部分组成，如图 7-23 所示。梯段由踏步构成，踏步一般由两个面构成，即踏面和踢面。平台则一般分为休息平台和楼层平台，休息平台是楼梯中间的平台，即在上下楼梯过程中转折和休息之用，楼层平台则是到达所在楼层标高的平台，另外在楼梯中还设有保障安全的栏杆和扶手。楼梯详图主要反映楼梯的类型、结构形式、各部位的尺寸及踏步、栏板等构造做法，是楼梯施工放样的主要依据。

楼梯详图一般包括楼梯平面图、楼梯剖面图和节点详图。

7.6.3.2 楼梯平面图

楼梯平面图主要是表达楼梯位置、墙身厚度、各层梯段、平台和栏杆扶手的布置以及梯段的长度、宽度和各级踏步宽度。它的形成和建筑平面图一样，也是用一个假想的水平面在距离楼层地面一定高度的地方将楼梯间一分为二，移去上部分不要，将下面一部分向水平面进行投影，得到的图形为楼梯间平面图，楼梯间平面图剖切形成及各层平面图的表示如图 7-24、图 7-25 所示。

如图 7-25 所示为某建筑各层楼梯平面图，图中剖切位置用 45°折断线表示，这是为了防止和踏步线混淆，梯段踏面投影数＝踏步数－1，图

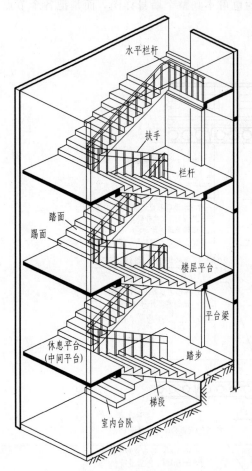

图 7-23　楼梯间轴测图

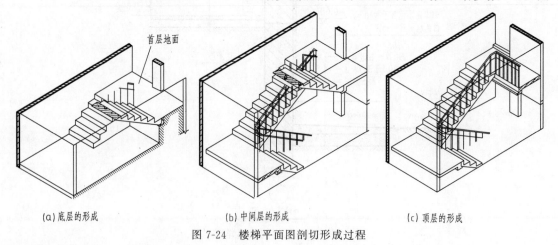

(a) 底层的形成　　　　　　　　(b) 中间层的形成　　　　　　　　(c) 顶层的形成

图 7-24　楼梯平面图剖切形成过程

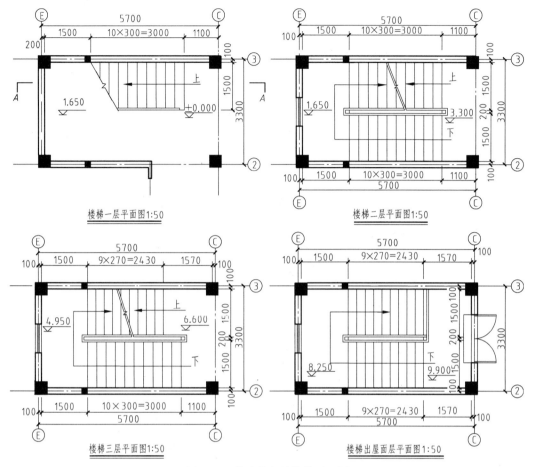

图 7-25　某建筑各层楼梯平面图

中箭头方向指明了楼梯的上、下的走向。楼梯的底层平面图中还应画出楼梯剖面图的剖切符号。中间层楼梯平面图如果各层完全一样，则可以合并为标准层楼梯平面图。顶层楼梯平面图中的剖切平面位于楼梯栏杆（栏板）以上，梯段未被假想平面切到，故顶层楼梯平面图中无折断线，顶层楼梯平面图中表示的是下一层的两个梯段和休息平台，且箭头只指向上楼的方向。

7.6.3.3　楼梯剖面图

楼梯的剖面图主要表达楼梯的形式、结构类型、楼梯间的梯段数、各梯段的步级数、梯段的形状、踏步和栏杆扶手（或栏板）的形式、高度及各配件之间的连接等构造做法。

剖面图的剖切位置最好通过上行第一梯段和楼梯间的门窗洞剖切，投射方向则是向未剖切到的梯段投射，作出的楼梯剖面图如图 7-26 所示，楼梯剖面图的画法与一般建筑剖面图的画法一致，尺寸标注时剖面图中水平方向的踏面数要比竖向踢面数多一个，此外还需注意楼梯剖面图与平面图的尺寸对应关系。

7.6.3.4　楼梯详图的绘制

楼梯平面图的绘图步骤如下：

（1）将各层平面图对齐，根据楼梯间的开间、进深画定位轴线。

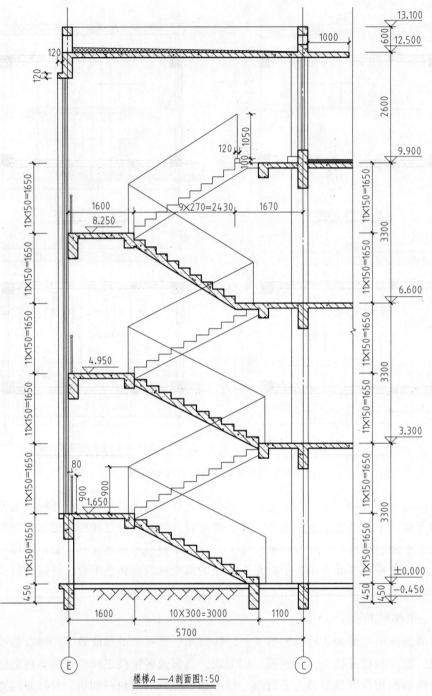

楼梯A—A剖面图1:50

图 7-26 某楼梯剖面图

（2）画墙身、门窗洞位置线及门的开启线。

（3）画楼梯平台宽度、梯段长度及梯井宽度等位置线。

（4）用等分平行线间距的几何作图方法，画楼梯的踏面线，楼梯步级数 n，$n-1$ 等分梯段长度，画出踏面，踏面数为 $n-1$，并画出上下行箭头线。

（5）画出梯井：注意梯井在底层平面、标准层平面、顶层平面中的区别。

（6）检查底稿并布置尺寸标注及标高标注。

（7）加深及加粗图线，标注剖切位置符号及名称。

（8）书写图上所有的文字，完成全图。

楼梯平面图的绘图步骤如图 7-27 所示，楼梯剖面图的画法根据与平面图的对应关系，按照建筑剖面图的画法画出。

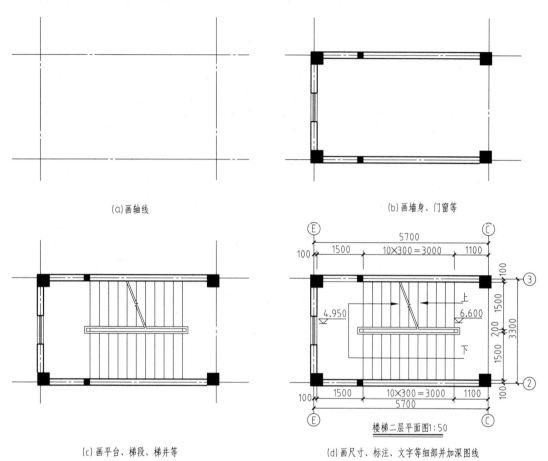

(a)画轴线

(b)画墙身、门窗等

(c)画平台、梯段、梯井等

(d)画尺寸、标注、文字等细部并加深图线

楼梯二层平面图1:50

图 7-27　楼梯平面图绘图步骤

7.6.4　门窗详图

在房屋设计时，如果是选用各种标准门窗，可在施工图首页的门窗明细表中，标明其标准图集代号，而不必另画详图，如果是属于非标准门窗，就一定要画出详图。门窗详图一般由门窗立面图和节点详图组成，图 7-28 是木窗立面图和节点详图。

7.6.4.1　立面图

门窗的立面图主要表示门窗的外形、开启方式和方向，以及门窗的主要尺寸和节点索引符号等内容，如图 7-28 所示。

窗的高度和宽度方向应标注三道尺寸：第一道为窗洞尺寸；第二道为窗框外包尺寸；第三道为窗扇尺寸。门窗洞口尺寸应与建筑平面图、建筑剖面图中的门窗洞口尺寸一致。

立面图中除外轮廓线用中实线外，其余均为细实线。

7.6.4.2 节点详图

门窗节点详图是用于表示门框、门扇、窗框、窗扇各部位的断面形状、材料和构造关系，如图7-28所示。

各节点详图应按立面图中的详图索引符号确定剖切位置和投影方向来绘制。节点详图的比例应大一些，框料、扇料等断面轮廓线用粗实线，其余均用细实线。

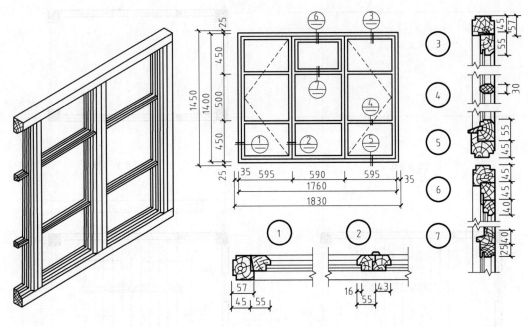

图7-28 木窗详图和节点详图

1. 什么是建筑施工图？其包含的基本图纸有哪些？
2. 总平面图中，常采用什么来表示建筑物、道路、管线的具体位置？
3. 什么是建筑平面图，其图示内容有哪些？
4. 什么是建筑总尺寸、定位尺寸和细部尺寸？
5. 建筑立面图的主要作用是什么？
6. 立面图是如何进行命名的？
7. 建筑剖面图是怎样形成的？其主要用途有哪些？它主要表示哪些内容？
8. 什么是建筑详图？建筑详图的作用和特点有哪些？
9. 绘制建筑施工图的基本步骤和方法是什么？

教学单元八　结构施工图

学习目标

- 知识目标

掌握结构施工图包含的基本内容；

掌握钢筋混凝土梁的平面整体表示方法；

熟悉基础施工图；

了解钢结构施工图。

- 能力目标

学会钢筋混凝土结构施工图平面整体表示法的识读。

知识导图

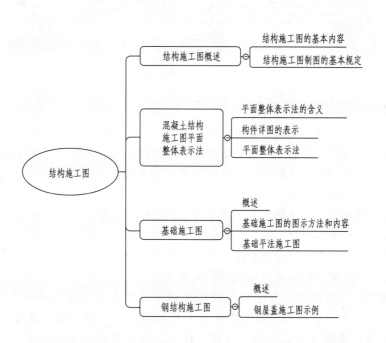

任务 8.1 结构施工图概述

8.1.1 结构施工图的基本内容

8.1.1.1 结构施工图简介

在房屋设计中，除进行建筑设计，画出建筑施工图外，还要进行结构设计，即根据建筑各方面的要求，进行结构选型和构件布置，再通过力学计算，决定房屋各承重构件（如图8-1中的梁、板、墙、柱及基础等）的材料、形状、大小，以及内部构造等，将设计结果绘成图样，以指导施工，这种图样称为结构施工图，简称"结施"。承重构件所用材料有钢筋混凝土、钢材、木材、砖石等。

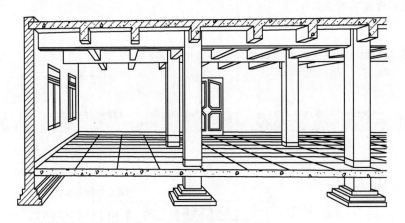

图 8-1　房屋结构示意图

8.1.1.2 结构施工图的主要内容

不同类型的结构，其施工图的具体内容可能有所不同，但一般包括以下三方面内容。

（1）结构设计说明　根据工程的复杂程度，结构设计说明主要以文字叙述适当配以通用详图做法，一般包括结构设计的依据、基础形式、结构形式、耐久性要求、抗震设防要求、材料要求、构造连接做法、施工要求等。

（2）结构平面布置图　结构平面布置图属于全局性的图纸，主要表示结构构件的平面位置、型号或编号、数量及相互关系。一般包括：基础平面图、各楼层结构平面图、屋顶层结构平面图。对于工业厂房，可能还有设备基础平面图及柱网、柱间支撑、吊车梁、联系梁、屋架、屋面板、天窗架、屋面支撑系统等平面布置图。

（3）结构详图　结构详图属于局部性的图纸，主要表示与结构平面布置图相对应的各个构件的形状、大小、材料、配筋构造及工艺方法等。一般包括：基础详图，梁、板、墙柱和屋面详图，楼梯详图，天沟、挑檐、雨篷、预埋件以及其他建筑立面线条结构做法等。

对于某些已经在通用图集中给出做法的详图，可直接通过索引符号或者文字说明标明做法，不必额外绘制具体做法。某些较为复杂的框架节点大样、屋（桁）架节点大样等则应另外绘制节点详图。

8.1.1.3 结构施工图的作用

结构施工图与建筑施工图一样，是施工的依据，主要用于放线、挖基槽、基础施工、支承模板、绑扎钢筋、浇筑混凝土、构件安装等施工过程，也是计算工程量、编制预算和施工进度计划的依据，同时还是监理单位和政府质监部门实施质量检查和验收的依据。

8.1.1.4 构件的基本知识

用钢筋混凝土制成的梁、板、柱、基础等构件，称为钢筋混凝土构件。钢筋混凝土构件，有在工地现场浇制的，称为现浇钢筋混凝土构件，也有在工厂或工地以外预先把构件制作好，然后运到工地安装的，称为预制钢筋混凝土构件。构件中的钢筋一般有以下几类（图8-2）：

（1）纵向受力筋　承受拉、压应力的钢筋。

（2）箍筋　承受一部分斜拉应力，并固定纵向受力筋的位置，多用于梁和柱内，用作抗剪。

（3）架立筋　用以固定梁内箍筋的位置，构成梁内的钢筋骨架。

（4）分布筋　用于屋面板、楼板内，与板的受力筋垂直布置，将承受的重量均匀地传给受力筋，并固定受力筋的位置，同时还起到抵抗热胀冷缩所引起的温度应力。

（5）其他　因构件构造要求或施工安装需要而配置的构造筋，如腰筋、预埋锚固筋等。

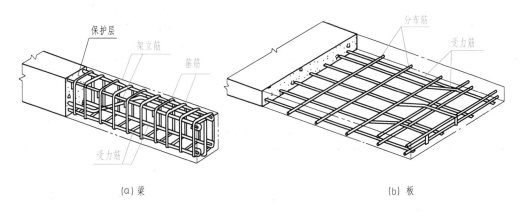

(a) 梁　　　　　　　　　　　　　　　(b) 板

图 8-2　钢筋的分类

8.1.2　结构施工图制图的基本规定

建筑结构施工图的绘制应遵守《房屋建筑制图统一标准》（GB/T 50001—2017）以及《建筑结构制图标准》（GB/T 50105—2010），具体如下。

8.1.2.1　图线

建筑结构专业制图应选用表 8-1 所示的图线。

表 8-1 图线

名称		线型	线宽	一般用途
实线	粗	——————	b	螺栓、钢筋线,结构平面图中的单线结构构件线,钢木支撑及系杆线,图名下横线,剖切线
	中粗	——————	$0.7b$	结构平面图或详图中剖到或可见的墙身轮廓线,基础轮廓线,钢、木结构轮廓线,钢筋线
	中	——————	$0.5b$	结构平面图或详图中剖到或可见的墙身轮廓线、基础轮廓线、可见钢筋混凝土构件线、钢筋线
	细	——————	$0.25b$	标注引出线、标高符号线、索引符号线、尺寸线
虚线	粗	– – – – – –	b	不可见的钢筋线、螺栓线,结构平面图中的不可见的单线结构构件线及钢、木支撑线
	中粗	– – – – – –	$0.7b$	结构平面图中的不可见构件、墙身轮廓线及不可见钢、木构件轮廓线,不可见的钢筋线
	中	– – – – – –	$0.5b$	结构平面图中的不可见构件、墙身轮廓线及不可见钢、木构件轮廓线,不可见的钢筋线
	细	– – – – – –	$0.25b$	基础平面图中的管沟轮廓线、不可见的钢筋混凝土构件轮廓线
单点长画线	粗	—— · —— ·	b	柱间支撑、垂直支撑、设备基础轴线图中的中心线
	细	—— · —— ·	$0.25b$	定位轴线、对称线、中心线、重心线
双点长画线	粗	—— ·· —— ··	b	预应力钢筋线
	细	—— ·· —— ··	$0.25b$	原有结构轮廓线
折断线		—— /\\ ——	$0.25b$	断开界线
波浪线		～～～～	$0.25b$	断开界线

8.1.2.2 钢筋的表示方法

普通钢筋的一般表示方法应符合表 8-2 的规定。

表 8-2 普通钢筋

序号	名称	图例	说明
1	钢筋横断面	●	—
2	无弯钩的钢筋端部		下图表示长、短钢筋投影重叠时,短钢筋的端部用 45°斜划线表示
3	带半圆形弯钩的钢筋端部		—
4	带直钩的钢筋端部		—
5	带丝扣的钢筋端部		—
6	无弯钩的钢筋反搭接		—
7	带半圆弯钩的钢筋搭接		—
8	带直钩的钢筋搭接		—
9	花篮螺丝钢筋接头	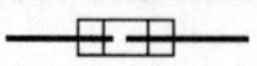	—
10	机械连接的钢筋接头	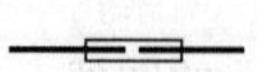	用文字说明机械连接的方式(如冷挤压或直螺纹等)

在钢筋混凝土结构设计规范中，对国产建筑用钢筋，按其产品种类、等级不同，分别给予不同代号，以便标注及识别，如表 8-3 所示。

表 8-3　钢筋代号

钢筋种类	牌号	符号
Ⅰ级钢筋（即 3 号光圆钢筋）	HPB300	Φ
Ⅱ级钢筋（如 16Mn 人字纹钢筋）	HRB335	Φ
Ⅲ级钢筋（如 25MnSi 人字纹钢筋）	HRB400	Φ
Ⅳ级钢筋（圆或螺纹钢筋）	HRB500	Φ

8.1.2.3　构件代号

结构构件的名称应用代号表示，构件的代号通常选用结构构件汉语拼音的首字母表示，常用的构件代号应符合表 8-4 的规定。

表 8-4　常用构件代号

序号	名称	代号	序号	名称	代号	序号	名称	代号
1	板	B	19	圈梁	QL	37	承台	CT
2	屋面板	WB	20	过梁	GL	38	设备基础	SJ
3	空心板	KB	21	连系梁	LL	39	桩	ZH
4	槽形板	CB	22	基础梁	JL	40	挡土墙	DQ
5	折板	ZB	23	楼梯梁	TL	41	地沟	DG
6	密肋板	MB	24	框架梁	KL	42	柱间支撑	ZC
7	楼梯板	TB	25	框支梁	KZL	43	垂直支撑	CC
8	盖板或沟盖板	GB	26	屋面框架梁	WKL	44	水平支撑	SC
9	挡雨板或檐口板	YB	27	檩条	LT	45	梯	T
10	吊车安全走道板	DB	28	屋架	WJ	46	雨篷	YP
11	墙板	QB	29	托架	TJ	47	阳台	YT
12	天沟板	TGB	30	天窗架	CJ	48	梁垫	LD
13	梁	L	31	框架	KJ	49	预埋件	M-
14	屋面梁	WL	32	刚架	GJ	50	天窗端壁	TD
15	吊车梁	DL	33	支架	ZJ	51	钢筋网	W
16	单轨道吊车梁	DDL	34	柱	Z	52	钢筋骨架	G
17	轨道连接	DGL	35	框架柱	KZ	53	基础	J
18	车挡	CD	36	构造柱	GZ	54	暗柱	AZ

注：1. 预制钢筋混凝土构件、现浇钢筋混凝土构件、钢构件和木构件，一般可直接采用本表中的构件代号。在绘图中，当需要区别上述构件的材料种类时，可在构件代号前加注材料代号，并在图纸上加以说明。

2. 预应力钢筋混凝土构件的代号，应在构件代号前加注"Y-"，如 Y-DL 表示预应力钢筋混凝土吊车梁。

任务 8.2 混凝土结构施工图平面整体表示法

8.2.1 平面整体表示法的含义

钢筋混凝土结构施工图平面整体表示方法简称"平法"，其表达形式是将结构构件的尺寸和配筋，按照平面整体表示方法制图规则，整体直接表达在各类构件的平面布置图上，再与标准构造详图结合，即可构成一套完整且可读性高的设计图纸。这种方法避免了传统的将各个构件逐个绘制剖面详图的繁琐步骤，减少了传统设计中重复表达的内容，以集中表达的方式取代离散表达，并将可以通用的内容采用标准图集的方式呈现，使得结构设计人员减少画图时间，提高作图效率，从而可以腾出更多的时间放在结构方案的比对、优化和结构构件的计算中。同时，平法表示的图纸也使得施工图的看图、记忆和查阅更加方便，便于施工与管理。

目前我国关于混凝土结构平法施工图的国家标准设计图集为《混凝土结构施工图平面整体表示方法制图规则和构造详图》G101 系列，现行的版本为：

(1) 16G101-1《混凝土结构施工图平面整体表示方法制图规则和构造详图》（现浇混凝土框架、剪力墙、梁、板）；

(2) 16G101-2《混凝土结构施工图平面整体表示方法制图规则和构造详图》（现浇混凝土板式楼梯）；

(3) 16G101-3《混凝土结构施工图平面整体表示方法制图规则和构造详图》（独立基础、条形基础、筏形基础、桩基础）。

8.2.2 构件详图的表示

构件详图包含配筋图、模板图、预埋件详图等。配筋图则包括有立面图、断面图和钢筋详图，它们着重表示构件内部的钢筋配置、形状、数量和规格，是构件详图的主要图样。模板图只用于较复杂的构件，以便于模板的制作和安装。

构件详图的图示内容如下：

(1) 一般情况主要绘制配筋图，对较复杂的构件才画出模板图和预埋件详图。

(2) 配筋图中的立面图，是假想构件为一透明体而画出的一个纵向正投影图。它主要表明钢筋的立面形状及其上下排列的情况，而构件的轮廓线（包括断面轮廓线）是次要的。

(3) 配筋图中的断面图，是构件的横向剖切投影图，它能表示出钢筋的上下和前后排列、箍筋的形状及与其他钢筋的连接关系。

(4) 立面图和断面图都应标注出相一致的钢筋编号和留出规定的保护层厚度。

梁是房屋结构的主要承重构件，梁的结构详图由配筋图和钢筋表组成，如图 8-3、表 8-5 所示，说明梁的构件详图内容。

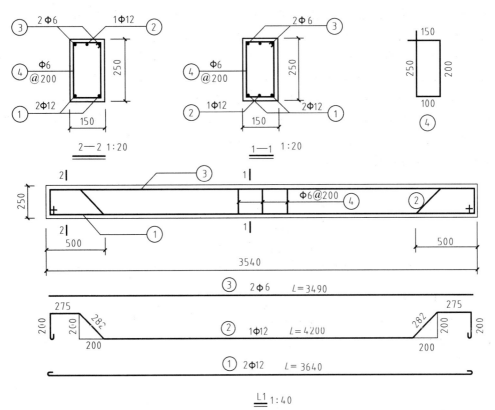

图 8-3　构件详图

表 8-5　钢筋表

构件名称	构件数	钢筋编号	钢筋直径(φ)/mm	简图	长度/mm	每件支数	总支数	累计质量/kg
L1	1	①	12		3640	2	2	7.41
		②	12		4200	1	1	4.45
		③	6		3490	2	2	1.55
		④	6		650	18	18	2.60

8.2.3　平面整体表示法

8.2.3.1　平面注写

　　平面注写方式，系在平面布置图上，分别在不同编号的梁中各选一根梁，以在其上注写截面尺寸和配筋具体数值的方式来表达。平面注写包括集中标注与原位标注，如图 8-4 所示，集中标注表达梁的通用数值，原位标注表达梁的特殊数值，当集中标注中的某项数值不适用于梁的某部位时，则将该项数值原位标注，施工时，原位标注取值优先。

　　梁的平面注写包括集中标注和原位标注两部分，集中标注表达梁的通用数值，如图 8-4 中引出线上所注写的三排数字。

第一排数字注明梁的编号和截面尺寸：KL2（2A）表示这是一根框架梁，编号为2，共有2跨（括号中的数字2），A表示该梁一端悬挑，梁截面尺寸是300mm×650mm。

第二排尺寸注写箍筋和上部贯通筋（或架立筋）情况：其中Φ8@100/200（2）表示箍筋为直径8mm的Ⅰ级钢筋，加密区（靠近支座处）间距为100mm，非加密区间距为200mm，均为2肢箍，2Φ25表示梁的上部配有两根直径为25mm的Ⅱ级钢筋，为贯通筋。

第三排数字表示梁顶面标高相对于楼层结构标高的高差值，需注写在括号内。梁顶面高于楼层结构标高时，高差为正（＋）值，反之为负（－）值。图中（－0.100）表示该梁顶面标高比楼层结构标高低0.100m。

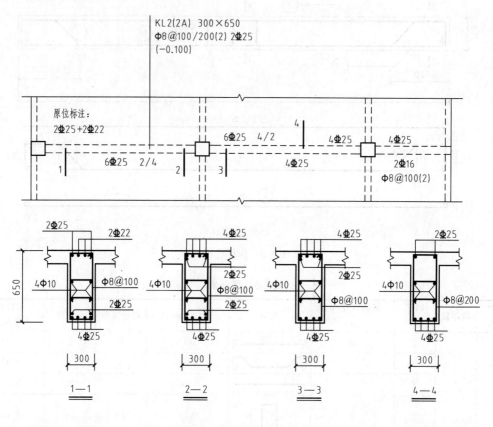

图8-4 平面注写方式示例

8.2.3.2 截面注写方式

截面注写方式系在分标准层绘制的梁平面布置图上，分别在不同编号的梁中各选择一根梁用剖切符号引出配筋图，并在其上注写截面尺寸和配筋具体数值来表达梁平法施工图。

对所有梁按规定进行编号，从相同编号的梁中选择一根梁，先将"单边截面号"画在该梁上，再将截面配筋详图画在本图或其他图上。当梁的顶面标高与结构层的楼面标高不同时，尚应在其梁编号后注写梁顶面标高高差。

在截面配筋详图上注写截面尺寸 $b×h$、上部筋、下部筋、侧面构造筋或受扭筋以及箍筋的具体数值时，其表达形式与平面注写方式相同。

截面注写方式既可以单独使用，也可与平面注写方式结合使用。图8-5即为截面注写与平面注写结合使用的梁平法施工图。

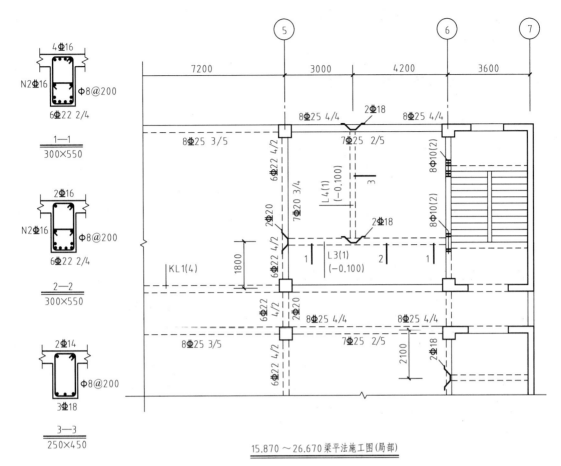

图 8-5 截面注写方式示例

任务 8.3 基础施工图

8.3.1 概述

基础是在建筑物地面以下，将上部结构所承受的各种作用力传递到地基土的结构组成部分，见图 8-6。基础的形式将根据上部结构的情况、地基的岩土类别及施工条件等综合考虑确定，一般单、多层建筑常用的基础形式有条形基础和独立基础。

基础底下天然的岩土层称为地基。基坑是为基础施工而开挖的凹坑，坑底就是基础底面。基础的埋置深度是指房屋室外地面到基础底面的深度。以墙下条形基础为例，埋入地下的墙称为基

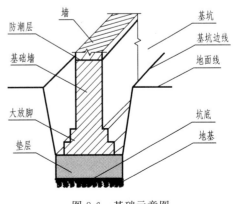

图 8-6 基础示意图

础墙，基础墙与垫层之间做成阶梯形的砌体称为大放脚，防潮层是防止地下水沿墙体向上渗透的一层防潮材料。

8.3.2　基础施工图的图示方法和内容

8.3.2.1　图示方法

在房屋施工过程中，首先要放线，挖基坑和浇筑基础。这些工作都要根据基础施工图完成，基础施工图一般包含基础平面图和基础详图。基础平面图是用一个假想平面沿房屋的地面与基础之间把房屋断开后，移去平面以上的房屋和泥土（基坑没有回填土之前）所作出的基础水平投影。如图 8-7 所示为某幢以砖墙承重的房屋基础平面图及基础详图。

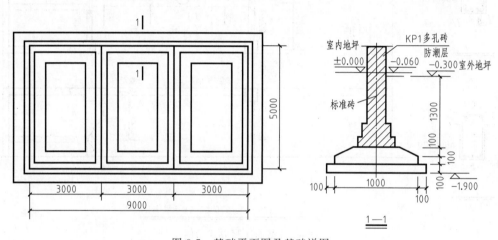

图 8-7　基础平面图及基础详图

8.3.2.2　图示内容

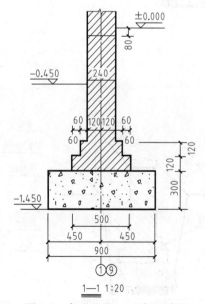

图 8-8　条形基础 1—1 断面详图

基础的断面形状与埋置深度根据上部的荷载而定。同一幢房屋，由于各处有不同荷载和不同的地基承载力，下面就有不同的基础。对每一种不同的基础，都应画出它的断面图，并在基础平面图上用 1—1、2—2 等符号表明断面的位置。

图 8-8 是条形基础 1—1 断面详图，比例是 1∶20。从图中可以看出断面图是根据基坑填土后画出的，其基础的垫层用混凝土做成，高 300mm、宽 900mm。垫层上面是两层大放脚，每层高 120mm（即两皮砖）。底层宽 500mm，每层每侧缩 60mm，墙厚 240mm。

图 8-8 中标注出室内地面标高±0.000，室外地面标高−0.450 和基础底面标高−1.450m。此外还注出轴线到基坑边线的距离 450mm 和轴线到墙边的距离 120mm 等。

8.3.3 基础平法施工图

独立基础平法施工图，有平面注写与截面注写两种表达方式，独立基础的基础平面通常与基础所制成的柱一起绘制。

8.3.3.1 独立基础平面注写方式

独立基础的平面注写方式，分为集中标注和原位标注。普通独立基础和杯口基础的集中标注，系在基础平面图上集中引注：基础编号、截面竖向尺寸、配筋三项必注内容，以及基础底面标高（与基础底面基准标高不同时）和必要的文字注解两项选注内容。素混凝土普通独立基础的集中标注，除无基础配筋内容外均与钢筋混凝土普通独立基础相同。原位标注则是在基础布置图上标注独立基础的平面尺寸、配筋等。

8.3.3.2 独立基础截面注写方式

采用截面注写方式，应在基础平面布置图上对所有的基础进行编号。对于多个同类基础，可采用列表注写（结合截面示意图）的方式进行集中表达。表达内容为基础截面的几何数据和配筋等。

任务 8.4 钢结构施工图

8.4.1 概述

钢结构的施工图一般包括结构平面图、结构详图。

以钢屋盖为例：结构详图主要包括安装节点图、屋架详图、檩条详图、支撑详图等。结构平面图主要表示屋架、檩条、屋面板、吊车梁、支撑等构件的平面布置情况。

安装节点主要包括：屋架与支座的连接节点详图、檩条与屋架的连接节点详图、支撑与屋架和檩条的连接节点详图、檩条之间的连接详图，以及拉杆与檩条、屋架连接的节点详图。

屋架详图主要包括：屋架的几何尺寸及内力、屋架的上弦平面图、下弦平面图，屋架的立面和剖面图，屋架支座的剖面和屋架各个节点详图，材料表与说明。

檩条详图主要包括：檩条的立面、平面以及各个变化不同部位的剖面和材料表与说明。

支撑详图主要包括：支撑的立面、平面和与支撑连接的构件以及材料表。

8.4.2 钢屋盖施工图示例

钢屋架的施工图绘制一般需注意以下内容：

（1）在图纸左上部绘制索引图。对称桁架，一半注明杆件几何长度，另一半注明杆件内力。

（2）施工详图中，主要图纸为屋架的正立面图、上下弦的平面图、侧面图、安装节点及

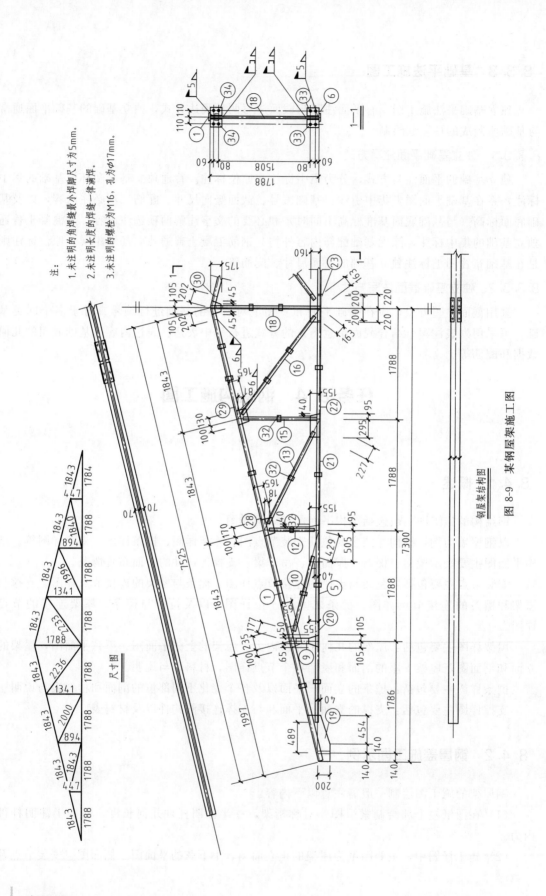

注：
1. 未注明的角焊缝最小焊脚尺寸为5mm。
2. 未注明长度的焊缝一律满焊。
3. 未注明的螺栓为M16，孔为φ17mm。

钢屋架结构图

图 8-9 某钢屋架施工图

尺寸图

特殊零件大样图、材料表，选用比例：杆件轴线为（1∶20）～（1∶30），节点为（1∶10）～（1∶15）。

（3）定位尺寸：轴线至肢背的距离，节点中心至腹杆等杆件近端的距离，节点中心至节点板上、下、左、右的距离。焊缝应注明尺寸。

（4）各零件要进行详细编号，按主次、上下、左右顺序进行。

（5）施工图中的文字说明应包括不易用图表达以及为了简化图纸而易于用文字集中说明的内容，如：钢材标号、焊条型号、焊缝形式和质量等级、图中未注明的焊缝和螺栓孔尺寸以及防腐、运输和加工要求。

如图 8-9 所示为某钢屋架施工图。

1. 什么是结构施工图？结构施工图一般包括哪些内容？

2. 结构制图中普通钢筋的表示与画法一般有哪些？

3. 钢筋混凝土构件内的受力钢筋一般包含哪些？

4. 结构平面布置图是如何形成的？主要包含哪些内容？在表述上又有哪些规定？主要用途有哪些？

5. 什么是钢筋混凝土结构平面整体表示方法（简称平法）？

6. 平面整体表示方法与传统表达方式的差异在哪？有何优点？

7. 基础平面图、基础详图都是怎样形成的？分别包含哪些内容？

参 考 文 献

［1］ GB/T 50103—2010 总图制图标准.

［2］ GB/T 50104—2010 建筑制图标准.

［3］ GB/T 50001—2010 房屋建筑制图统一标准.

［4］ GB/T 50105—2010 建筑结构制图标准.

［5］ 蔡小玲. 建筑工程识图与构造实训. 北京：化学工业出版社，2018.

［6］ 乐荷卿. 土木建筑制图. 武汉：武汉理工大学出版社，2014.

［7］ 游普元. 建筑工程制图与识图. 哈尔滨：哈尔滨工业大学出版社，2016.

［8］ 宋安平. 建筑制图. 北京：中国建筑工业出版社，2011.

［9］ 赵妍. 建筑识图与构造. 北京：中国建筑工业出版社，2014.

［10］ 莫章金. 建筑工程制图. 北京：高等教育出版社，2013.